# フィールドサイエンティスト

## 地域環境学という発想

佐藤 哲 ──［著］

東京大学出版会

Field Scientist :
The Perspective of Integrated Local Environment Studies
Tetsu SATO
University of Tokyo Press, 2016
ISBN 978-4-13-060142-9

# はじめに

　科学的な知識生産の営みは，現実の世界に対峙し，その成り立ちや仕組みの不思議に魅了されることに端を発してきた．風呂の湯があふれ出るのを見て浮力の原理を発見したアルキメデスも，天体の動きの観察から「それでも地球は動いている」と叫んだガリレオ・ガリレイも，落下するリンゴから万有引力の法則を思いついたというニュートンの逸話も，身のまわりにある現実世界の事象が人々の好奇心を刺激し，科学的な思索を促してきたことを示している．複雑きわまりない世界の現実は，人々につぎつぎと魅惑に満ちた謎を投げかける．その謎を解き明かそうとする営みにぼくたちは魅了され，心を躍らせてきた．科学的な知識生産はいつの時代でも，現実の世界と向き合い学び続けることにもとづいていたのだ．こうして，人類の文明が発展し，近代科学が形成され，産業革命以降の科学技術の革新は，これまでになく豊かで暮らしやすい社会をもたらしてきた．しかし，科学技術の発展と人間の生活圏の拡大によって，とくに20世紀後半から人間活動がもたらす地球環境へのインパクトが急速に増大し，グローバルなレベルでも身近な地域環境のレベルでも，多岐にわたる課題が環境問題というかたちで顕在化している．

　現実の世界の不思議に刺激された知識生産は，きわめて多様なかたちをとる．現実を特定の視点から切り取り，わかりやすく整理して理解を深めようとすることは，複雑な現象を扱うために避けて通れない道筋だ．現実を単純化できる実験系をつくりだし，理想的な条件のもとで仮説を検証しながら理論的な分析を深めるアプローチは，精密な因果関係の理解をもたらし，それが科学技術の発展を促してきた．自然科学や人文社会科学などに分類される多岐にわたる学問が生まれ，原子や分子のふるまいから人間社会や生態系，さらには地球システムや宇宙の仕組みにいたるまで，精密な知識が大量に生産され，ぼくたちの世界の理解は大きく進展した．一方で，このような分析的なアプローチは専門分野の細分化をもたらす．個々の専門分野が生産する大量の断片的な知識が蓄積するなかで，個別の学問の境界を超えて全体像を

把握することはますます困難になっている．

これとは対極的に，複雑な現実のただなかに身を置いて，ひとりの人間の等身大の経験と観察から新しい現象を発見し，その意味を多面的な視点から理解しようとするアプローチも，ぼくたちの知的好奇心を刺激し続けている．人間の経験がおよぶ範囲，たとえば地域社会や地理的に限定された生態系を研究のフィールドとして，そのリアルな現実に直結する経験と観察にもとづいて世界を理解しようとする科学的な探究を，「フィールドサイエンス」と呼ぶことにしよう．フィールドサイエンスの醍醐味は，個別の専門分野の枠を超えて，領域融合的な視点に立って現実世界の複雑さに正面から向き合い，予想もしない新たな現象を発見するプロセスにある．複雑な現象を総合的にとらえようとする研究は，困難を極める．そしてその困難に立ち向かうことは，ぼくたちの知的好奇心をあらためて刺激し，知的探求の営みをさらに深化させてくれる．科学的な知識生産の営みを突き動かしてきたのは，発見的なプロセスによって新しい世界の見方を身につけ，視野を拡大していくことの知的なおもしろさだったにちがいない．このような複雑性を直視した発見的なアプローチによる，ダイナミックに進化し続ける終わることのない知識生産のプロセスに，ぼくはひとりのフィールドサイエンティストとして魅了されてきた．

地域の社会や生態系をフィールドとして科学的な探究を進めようとするとき，ぼくたちの目の前には，きわめて多様な現象が現れる．したがって，複雑な現象を理解するための切り口もまた，無数にあると考えてよいだろう．その無数の可能性のなかで，ぼくは地域社会が直面する課題の解決という視点を，とくに重視してきた．20世紀後半以降，科学技術の発達に支えられた資源への圧力の増大，生態系の劣化，経済のグローバル化，人口爆発などのさまざまな課題が顕在化し，人間社会に深刻な脅威をもたらしてきた．このような状況のもとで，知的好奇心に駆動されて世界の仕組みと成り立ちを解明しようとする科学とは異なる動機と目的を持つ科学が芽生えてきたことは，けっして不思議ではない．環境問題に代表される，人間社会が直面する複雑で深刻な問題の解決を目指す，課題そのものに駆動された問題解決を指向する科学が，急速に発展しているのである．地域の社会や生態系を対象としたこのような課題駆動型で問題解決指向のフィールドサイエンスを，「地

域環境学」と呼ぶことにしよう．

　フィールドに密着し，つぎつぎに現れる複雑で困難な地域の課題に立ち向かおうとするとき，自然科学または人文社会科学の特定の専門領域の切り口だけでは，課題の解決にはなかなか結びつかないのがふつうだ．人間社会と生態系は複雑に相互作用するシステムであり，切り離して扱うことはできない．人間の活動と生態系のふるまいが相互に強く連関した複雑系を，「社会生態系システム」という．地域の社会生態系システムが直面する課題の解決を目指す地域環境学は，当然ながら自然科学と人文社会科学のさまざまな領域が融合した総合科学にならざるをえない．しかも，地域社会のリアルな現場で複雑な問題を解決していくためには，科学者・専門家が総合的な知識を生産するだけでは十分ではない．地域の現実のなかで，日々の生活や生業を通じて生産される知識や知恵，技術もまた，具体的な問題への取り組みに欠かすことはできない．科学と社会の垣根さえ乗り越え，人々の生活や生業を通じて生産される，多面的な知識と融合した知識生産が行われることが必要なのである．科学者・専門家に加えて，特定の課題の解決にかかわる地域社会のステークホルダーと協働することを通じた総合的な知識生産を，インターディシプリナリー（学際性）を超えた「トランスディシプリナリー・アプローチ」という．トランスディシプリナリー・アプローチを地域環境学に取り入れることによって，リアルな地域社会の現実のなかで，問題解決に具体的に貢献できる総合的な知識を，フィールドサイエンティストがステークホルダーとともに生産し活用していくことが，初めて可能になる．

　科学者・専門家とステークホルダーが密に協働して，具体的な課題の解決に向けた多面的な知識を生産し活用していくことは，ぼくのようなフィールドサイエンティストにとっては，新しい発見と驚きに満ちた，きわめてクリエイティブな営みだ．課題駆動型の知識生産がぼくの知的好奇心を刺激し，血沸き肉躍る知的探究の喜びをもたらしてくれる．もちろん，同じようなことが協働して知識生産を行っているさまざまな科学者・専門家，地域のステークホルダーにも起こっているだろう．トランスディシプリナリー・アプローチは，協働するすべての人々にとって，知的興奮の源泉なのだ．

　本書は，具体的な現場で世界の複雑性に正面から向き合うフィールドサイエンスの醍醐味と意義を，地域社会が直面する課題に駆動された，問題解決

指向の地域環境学の視点から描き出すことを目的としている．ひとりのフィールドサイエンティストとしてぼく自身が歩んできた道のりを手がかりに，世界各地の事例から，フィールドサイエンスとしての地域環境学のあり方と，トランスディシプリナリー・アプローチがもたらす具体的な社会へのインパクトを明らかにしていく．全5章の構成は時系列を追っているが，それぞれの章はそれなりに完結したストーリーをもち，個々のテーマに関する独立した論考として読んでいただくこともできる．第1章は環境問題と社会の矛盾が凝縮して現れる後発開発途上国の現実のなかで，個別の専門性を乗り越えて，地域社会の複雑性を直視した領域融合的な研究を行うことの意味を，東アフリカ・マラウィ湖の事例から議論する．第2章は地域社会の多様なステークホルダーと科学者が協働した知識生産のプロセスを通じて，地域社会がダイナミックに変化していくプロセスを，石垣島白保地区で地域社会のカタリストとして活動している「レジデント型研究者」の視点から検討する．第3章ではこのような科学者・専門家と地域のステークホルダーの協働を支える共有可能な価値として，日本各地の里山再生への取り組みで活用されている「環境アイコン」の機能と意味を考える．第4章はこれらの事例よりもはるかに複雑で広域的な課題の解決を支える仕組みを，米国・コロンビア川流域のサケ科魚類再生への取り組みにかかわる「知識の双方向トランスレーター」の役割と機能を中心に検討する．そして，第5章はこれらの分析と論考を統合して，地域のフィールドに密着し，地域の課題に駆動された問題解決指向の知識生産を担う地域環境学と，その根幹となるトランスディシプリナリー・アプローチの理念と方法を整理し，フィールドサイエンスとしての地域環境学の体系を描き出すことを試みる．

　ひとりのフィールドサイエンティストの知的探求の道のりをともに歩むことによって，本書を手にとったみなさんは，地域環境学の血沸き肉躍る冒険を，書物のうえでではあるが，疑似体験し共有していただくことになる．それを通じてみなさんが，地域社会のフィールドで，地域の人々と協働し，ともに学びながら，課題解決に貢献できる総合的な知識をともにつくりだし，活用していくことの意義と魅力を体感し，知的探求の旅をともに楽しんでいただけることを切に願っている．

# 目　　　次

はじめに……………………………………………………………………… i

第 1 章　アフリカのマラウィ湖──開発途上国のなかの生態学………… 1
 1.1　アフリカとの出会い……………………………………………………… 1
  （1）生態学者にとってのアフリカの湖　1　（2）開発途上国の現実　2
  （3）科学の役割とはなにか　6
 1.2　生態学者と地域社会……………………………………………………… 8
  （1）資源管理のための生態学　8
  （2）水産資源としてのカンパンゴ，生態学者にとってのカンパンゴ　11
  （3）地域社会のための研究──地域環境学の始まり　14
 1.3　マラウィ湖国立公園……………………………………………………… 16
  （1）人々の生活と保護区の共存　16　（2）漁業活動と保護区　18
  （3）魚と漁民の「ひとり学際研究」──観察と聞き取りを通じて　20
 1.4　保護区を使いこなす漁民………………………………………………… 22
  （1）不思議なかたちのブイ　22　（2）漁民の不可解な自制　23
  （3）だれの目が気になるのか　25
 1.5　科学を取り込み飼いならす……………………………………………… 27
  （1）対立を避ける仕組み　27
  （2）科学との相互作用による価値の変容　29
  （3）制度を活かすリーダーシップ　31
 1.6　持続可能な資源管理に向けて…………………………………………… 34
  （1）持続可能性を支える科学　34
  （2）経済的インセンティブとリーダーシップ　36
  （3）訪問型研究者の限界　38

## 第2章　沖縄のサンゴ礁——定住する研究者 …………………… 40

### 2.1　環境保全の主役はだれか ……………………………………… 40
（1）環境問題にかかわる多様な主体　*40*
（2）生態系サービスの考え方　*42*
（3）地域に暮らす人々と科学者　*45*

### 2.2　石垣島白保のサンゴ礁 ………………………………………… 47
（1）白保のサンゴ礁と人々　*47*
（2）サンゴ礁の危機と課題　*49*
（3）新石垣空港建設計画と白保　*51*
（4）主役としての白保の人々　*53*

### 2.3　レジデント型研究 ……………………………………………… 55
（1）WWFサンゴ礁保護研究センター　*55*
（2）レジデント型研究と地域環境学　*58*
（3）白保サンゴ礁の地域環境学　*60*

### 2.4　地域の将来像を描く …………………………………………… 64
（1）白保今昔展　*64*　（2）白保ゆらてぃく憲章　*66*
（3）白保魚湧く海保全協議会　*68*

### 2.5　里海としてのサンゴ礁 ………………………………………… 71
（1）「里海」という考え方　*71*　（2）海垣の再生　*72*
（3）シャコガイの放流　*75*

### 2.6　レジデント型研究者の位置づけと役割 ……………………… 78
（1）持続可能な地域づくりへの貢献　*78*　（2）白保日曜市　*79*
（3）知識のトランスレーター，地域のカタリスト　*83*

## 第3章　里山を活かす——環境アイコン ……………………………… 85

### 3.1　人と自然をつなぐもの ………………………………………… 85
（1）知識からアクションへ　*85*　（2）環境アイコンの性質　*87*
（3）環境アイコンの多様性　*88*

### 3.2　コウノトリの野生復帰 ………………………………………… 92
（1）環境アイコンとしてのコウノトリ　*92*
（2）レジデント型研究機関としてのコウノトリの郷公園　*94*
（3）多様なステークホルダーの協働　*96*

3.3 佐久鯉の再生 ………………………………………………………… 100
　（1）社会的アイコンとしてのありふれた自然　100
　（2）佐久鯉と人々　101　（3）社会的アイコンと地域の動き　106
3.4 シマフクロウと流域環境の再生 ……………………………………… 110
　（1）地域から流域へ　110　（2）河畔林の再生　113
　（3）流域がつなぐ人々　117
3.5 環境アイコンをつくりだす——長野大学の里山再生ツールキット　121
　（1）環境アイコンが紡ぐ物語　121　（2）里山再生ツールキット　123
　（3）ステークホルダーとしての学生　128

## 第4章　アメリカのコロンビア川——サケをめぐる多様な人々 ……… 132

4.1 地域社会のリアリティ …………………………………………………… 132
　（1）地域社会の複雑性と多様性　132
　（2）地域社会の現実のなかでの協働　134
　（3）コロンビア川流域という複雑系　136
4.2 環境アイコンとしてのサケ ……………………………………………… 139
　（1）サケ科魚類の価値　139　（2）ダムとサケ　143
　（3）生息環境の改変　147
4.3 サケをめぐる知識の生産と流通 ………………………………………… 149
　（1）知識生産者としての米国陸軍工兵隊　149
　（2）アメリカ先住民の知識生産　151　（3）環境保全型孵化場　154
　（4）農業者とサケをつなぐ　157　（5）サーモン・セーフ　161
4.4 差異を維持した協働 ……………………………………………………… 165
　（1）重層的知識生産とトランスレーション　165
　（2）絶滅危惧種保護法　167
　（3）流域社会のダイナミックな動き　170

## 第5章　新たな知の体系を求めて——地域環境学が目指すもの ……… 174

5.1 実践的な総合科学 ………………………………………………………… 174
　（1）課題に駆動された科学　174
　（2）トランスディシプリナリー・アプローチ　176
　（3）地域環境学ネットワーク　178

5.2 地域環境知……………………………………………………………………182
　　（1）意思決定とアクションのための知識基盤　182
　　（2）知識生産者の多様性　184　　（3）生業が生み出す知識技術　187
5.3 ローカルとグローバルをつなぐ……………………………………………190
　　（1）地域環境知プロジェクト　190
　　（2）国際的な制度を使いこなす　193
　　（3）地域の実践をつなぐ　195
5.4 持続可能な社会への転換――科学の新しい役割……………………………197
　　（1）知識の統合とトランスレーション　197　　（2）価値の創造　200
　　（3）人々のつながりをつくりだす　202　　（4）選択肢を創出する　204
　　（5）アクションをつくりだす　208

引用文献………………………………………………………………………………211
おわりに………………………………………………………………………………219
索引……………………………………………………………………………………225

# 第1章 アフリカのマラウィ湖
―― 開発途上国のなかの生態学

## 1.1 アフリカとの出会い

### （1）生態学者にとってのアフリカの湖

　ぼくが初めてアフリカに足を踏み入れたのは1985年のことだった．東アフリカの大地溝帯に横たわるタンガニイカ湖，マラウィ湖などの大湖沼で爆発的な進化を遂げた魚，シクリッド類（カワスズメ科魚類）の魅力にとりつかれ，その生態と進化のメカニズムを調べることに胸を躍らせていた．ザイール（現コンゴ民主共和国）東部の町，ウビラは，美しく巨大なタンガニイカ湖の北端に広がるのどかな町だった．これが，それ以来今日まで続くアフリカとのかかわりの始まりだった．タンガニイカ湖北部に始まり，政治的な混乱に追われて調査地を湖の南部に移し，さらには新たな知的探求への欲求に駆り立てられてマラウィ湖へと調査地を拡大しながら，ぼくはアフリカとかかわり，アフリカ社会から学び続けてきた．

　今にして思えば，東アフリカの湖にかかわり始めたころのぼくは，科学的な探求の魅力と知的興奮を追い求める若き生態学徒であり，生態学の研究にすべてに優先する価値を置き，優れた学術論文の生産こそが自分の使命であると確信した視野狭窄の専門バカだっただろう．そんなぼくにとって，初めて目にしたタンガニイカ湖の水中は，まさに生態学者のパラダイスだった．スクーバダイビングを繰り返しながら丹念な行動観察を積み重ね，多様な種に分化したシクリッドが織りなす複雑怪奇な生態系の成り立ちを紐解いていく作業は，謎解きのスリルに満ち，知的興奮をかきたててくれた．そして，この生態学者としての探求のプロセスは，確かに興味深い研究成果を生み，

ぼくはそれなりの満足感，充足感を味わうことができた．

なかでも血沸き肉躍ったのは，シクリッド類に托卵して繁殖するナマズの発見だった（Sato, 1986）．シクリッド類は長期間にわたる子の保護を行うことで知られ，その多くは産卵直後にメス親が卵を口に入れ，その後数週間から1カ月にわたって口のなかで子どもを保護する「マウスブルーダー」である．親が子どもを口のなかに持ち運んで保護するこの方法は，たいへん安全なように見える．しかし，マウスブルーダーによる子の保護の有効性を調べるために，子どもを保護しているシクリッドのメス親を採集して，口のなかの子どもの成長のようすを観察するなかで，ぼくは子を保護している親の口のなかに卵を紛れ込ませるナマズを見つけることになった．ナマズの卵は宿主の卵より早く孵化する．そして，孵化した稚魚はその後宿主の口のなかで保護されながら宿主の子をすべて食べて成長し，最後には大きく育ったナマズの子だけが残る．この魚類で初めての宿主による子への投資をすべて搾取するカッコウ型の托卵の発見は，Nature誌のカバーストーリーに採用された（図1.1）．

それ以外にも，大型オスが巻貝の空き殻を口にくわえて集めて「巣」をつくるシクリッドの一種が極端な一夫多妻の社会を持ち，巣のオーナーであるオスの平均体重が貝のなかで産卵するメスの14倍にも達することを明らかにした研究は，行動生態学の国際的な教科書に紹介されている（Sato, 1994；図1.2）．また，最近になってマラウィ湖で，メス親が保護している子どもに未受精卵を生んで食べさせるという，哺乳類の授乳や鳥類の給餌に相当する子育てを行う大型ナマズ，カンパンゴの繁殖生態を研究する過程で，カンパンゴの繁殖巣に別のナマズの子どもが寄生し，どのようにしてかはまだわからないのだが，宿主の子どもとすっかり入れ替わって，メス親による給餌を受けて成長している事実を発見して，あらためて心底驚いている（図1.3）．東アフリカの湖での魚類生態の研究は，つぎつぎと興味深い事実をぼくの眼前に展開して好奇心を刺激し，知的発見の喜びを与え続けている．

### （2）開発途上国の現実

生態学者としての知的探求を満喫するぼくを待ち受けていたのが，後発開発途上国の社会の現実だった．ぼくの知的関心の焦点である魚たちは，地域

図 1.1 タンガニイカ湖の托卵ナマズの親（水槽写真）．この論文は Nature 誌のカバーストーリーになった（Sato, 1986）．

図 1.2 タンガニイカ湖のカワスズメ科魚類の一種 *Lamprologus callipterus* のオスは，貝殻を口にくわえて集めて繁殖用の巣をつくる（Sato, 1994）．

**図 1.3** マラウィ湖のナマズ，カンパンゴの親と，巣に寄生した別種のナマズの子ども．寄生した子どもはカンパンゴの親に守られ，栄養卵を給餌されて育つ．

の人々から見れば重要な食料資源であり，換金資源だった．そして，その人々は貧困と政治的な不安定のなかで日々の食料にも事欠く生活をしていた．ある日，ぼくが調査している湖岸で，親子の漁師が漁をしている場面に出会った．ちょうどぼくが潜って魚を観察しているその場所に，父親らしい人と小学校低学年くらいの子どもが 2 人で粗末な網を張り，繰り返し潜っては魚を網に追い込んでいた．ぼくは観察している魚が捕られてしまうのではないかとハラハラしながらも，この 2 人が効率はけっしてよくない漁によって捕らえる小魚が，おそらくは大人数の家族の生活を支えていることに，思いをめぐらせずにはいられなかった．

　アフリカは世界の環境問題が凝縮して現れている地域である．ひとりあたりの国民総生産（GNP）が年間 750 ドル以下の後発開発途上国は，アフリカ大陸に 34 カ国が集中し，豊かな自然に恵まれたこれらの国々では，人口増加と貧困の圧力のもとで，沿岸の魚や森林の木材などの自然資源に対する圧力が，増加の一途をたどっている．乏しい現金収入のもとで，日々の食料や燃料，現金収入の源を，身近な自然資源に頼ることはごく自然である．しかし，漁業資源や森林資源の過剰利用による枯渇が生活を直撃することは確

実だ．そして，生活の逼迫の前には自然資源の持続可能な管理などといった課題は優先されるはずもない．1日1.25ドル以下で生活する人々を絶対的貧困層という．世界銀行によると，貧困状態にある人々は世界的に減少してはいるが，それでも2011年には絶対的貧困層は世界で10億人以上にのぼり，1日2ドル以下で生活する人々にいたっては22億人に達する（World Bank, 2015）．貧困はたんに金銭的豊かさが損なわれるだけではない．栄養不良，健康被害，教育機会の喪失など，人間らしい生活を送ることが困難な，基本的人権すら満たされない状態をもたらす．

ぼくが初めてフィールドとしたザイール東部も，その後にさらに研究を深めることになったマラウィ湖沿岸の地域も，そこに住む人々は，貧困のなかで安価に手に入るタンパク質源として，また少ない投資で漁獲できる貴重な換金資源として，湖の魚に頼って生きている．子どもたちは主食のキャッサバやメイズ（トウモロコシ）を栽培する農作業や家畜の世話のための貴重な労働力であり，そのために初等教育を受ける機会も制限されることになる．医療体制の不備と経済的な困難のために，乳幼児の死亡率は高い．子どもが貴重な労働力であるために，人口増加の抑制は困難である．したがって，貧困と人口増加のなかで魚などの自然資源に対する圧力は高まる一方であり，各地で資源の過剰利用が顕在化している．そこにHIVの流行が追い打ちをかける．一家に現金収入をもたらす働き手をHIVによって失うことは，残された家族の自然資源への依存をさらに高めることになる．

国連開発計画が導入した人間開発指数は，年間所得，出生時の期待余命，成人識字率，教育水準などを基準に各国の人々の生活の質や国の発展の度合いを比較する指標として用いられている．2013年の人間開発指数の上位はすべて先進工業国だが，142位から最下位の186位までのなかでアフリカ諸国は37カ国を数える（国連開発計画，2013）．先進工業国の出生時の期待余命はおおむね70歳以上だが，アフリカの後発開発途上国の多くは50歳前後である．現在の世界は，先進国の少数の人々が豊かさを独占し，開発途上国の多くの人々が貧困と人間らしい生活の困難に苦しむ構造になっている．気候変動や自然資源の過剰利用と生態系サービスの劣化などの地球環境問題のほぼすべては，一部の先進国や急速な経済成長を遂げつつある国々におもな原因があるが，その被害は地球上に暮らすすべての人々におよぶ．とくに，

経済基盤が脆弱で人的資源に乏しいアフリカの後発開発途上国では，人々の生活はこれらのグローバルなレベルでの環境変動によって深刻な影響を受けることが予想される．このようなアフリカの開発途上国の現実を，ぼくは地域社会の現場で暮らすなかで直視することになった．ウビラで共同研究をしていた現地の研究者やアシスタントは，夕方になるとのんびりし始める．うっかりすると，ぼくたちはそれを意欲が低いとか，熱意が足りないと判断してしまうかもしれない．実際のところ，多くの同僚たちが1日1食の生活をしており，夕方になるとほんとうに空腹で元気がなくなる．この現実を知ったとき，ぼくは自分の視野の狭さ，先進国の常識に無意識のうちに縛られている発想の貧困を思い知ることになった．自分の目の前の地域社会の現実を気にせずに，魚の研究だけに没頭するなどということは，ぼくにはとても考えられない相談だった．

### （3）科学の役割とはなにか

アフリカ社会の現実に向き合うなかで，このようにしてぼくの人生観，科学者観，世界観は大きな変化を強いられることになった．生態学者としての知的探求のおもしろさ，新しい現象を発見する喜び，そして複雑な生態系に対する理解が少しでも進むことの充実感は，確かにすばらしい．好奇心に駆動された科学を追求することで，人類の知的資産の充実に，少しは貢献できたかもしれないという満足感もある．ところが，後発開発途上国の社会で，貧困が生み出す自然資源の過剰利用，その帰結としての資源状態の悪化と生活のさらなる困難という悪循環のなかで生活する人々を目の当たりにして，純粋な知的探求として科学者の世界だけで完結するような研究のあり方に対して，ぼくのなかで大きな疑問が生まれ，ふくらんでいった．ぼくの研究は，生態学という科学の一分野のなかで評価を受け，その分野の専門家と，生物の生態に興味を持つ一部の人たちのなかでは意味を認められるかもしれない．長い目で見れば，生態系の理解を深めることを通じて地球環境問題の解決に貢献することもあるかもしれない．しかし，今，まさに多くの困難のなかで生活している湖沿岸の人々にとっては，ぼくの科学は差し迫った課題の解決にはなんの意味も持たないことは確実だった．

1999年にブタペストで開催された世界科学者会議で，「科学と科学的知識

の利用に関する世界宣言」，いわゆるブダペスト宣言が採択された．そこでうたわれたのは，科学者の世界で完結した知識の生産に終始するのではなく，社会の現実のなかで，つぎつぎに立ち現れる課題の解決に貢献することを使命とする「社会のなかの科学，社会のための科学」が必要であるという考え方である（UNESCO, 1999）．科学者は知的好奇心に駆動されて価値中立な知識を生産し，それをどのように使うかは，社会に任せるという近代科学のあり方が，環境問題を含む 20 世紀社会のさまざまなひずみを生み出し，人々の科学および科学者に対する信頼を失わせることになった．先進国と開発途上国の驚くほどの格差のただなかで，地球環境問題はますます深刻さを増している．そして，その被害を深刻なかたちで受けるのが，すでに多くの困難を抱えている後発開発途上国の人々である．この時代背景のなかで，ぼく自身を含めて，科学および科学者のあり方自体を問い直さなければならないのではないか．ぼく自身がブダペスト宣言を知ったのはもっと後になってからだったが，アフリカの地域社会の現実のなかでぼくに芽生えた科学の価値に対する根源的な疑いは，このブダペスト宣言の精神と深く通じるものだった．

　たまたま自分が強く好奇心をかきたてられる魚がアフリカにいたために，ぼくはアフリカの湖をフィールドとして魚の生態学を研究するようになった．アフリカ社会の貧困と環境悪化の現実に直面した経験は，ほんとうに強烈なカルチャーショックだった．この経験がぼくの目を地域社会に開かせ，狭い専門分野の枠を超えて，自分がフィールドとして生活している地域の課題を直視し，そのために科学者としてなにをなすべきかを真剣に考える機会を与えてくれることになった．考えてみると，社会の現実から新しい視野や世界観を獲得するという経験は，科学者に限らず多くの人が日常生活で経験していることにちがいない．しかし，専門分野における評価が重要な意味を持つ教育を受けてきた科学者は，往々にして自分の専門とする分野に埋没し，視野狭窄に陥って，社会から学ぶチャンスを逃しているようにも見える．アフリカとの強烈な出会いを通じて，狭い科学の世界だけに目を向けるのではなく，社会の現実から絶えず学び，視野と発想を拡大し続けることが，ぼくの科学者としての基本姿勢となっていった．

## 1.2 生態学者と地域社会

### (1) 資源管理のための生態学

　生態学者として地域社会が直面する課題の解決に貢献できる研究を行い，「社会のための科学」を実践したい．この思いを明瞭に自覚するようになったのは，タンガニイカ湖から，その南にあるマラウィ湖にフィールドを移した1997年のころだった．タンガニイカ湖では，ぼくはおもに沿岸域の小型のシクリッド類を調査対象にしており，それに対して主要な漁獲対象種は沖合の魚だった．そのため，自分自身の研究と，地域社会が直面する漁業資源の枯渇という差し迫った課題との接点は，簡単には見つからなかった．シクリッド類の生態学者として，もっと地域の課題に密着した研究ができる場面を求めて，ぼくはマラウィ湖にフィールドを移すことを決意した．

　タンガニイカ湖の南に位置するマラウィ湖は，タンザニア，モザンビーク，マラウィの3カ国の国境が接する国際湖沼で，約2万9600 km²ほどの，四国と九州の中間の面積を持つ巨大湖である（図1.4）．大地溝帯の裂け目にできた南北に細長い湖であり，最深部は700 mに達する．この湖の最大の

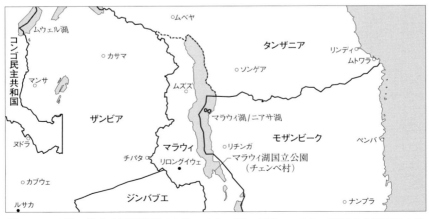

**図1.4**　3カ国に接する国際湖沼であるマラウィ湖の南端，マラウィ湖国立公園に属するマクレアー岬のチェンベ村が，ぼくの長年にわたるフィールドである．

特徴は，シクリッド類を中心とする魚類の生物多様性である．正確な種数は不明だが，推定では 800 種を超えるシクリッド類が生息し，しかもそのほぼすべてがマラウィ湖の固有種，つまり，世界でこの湖だけに分布し，この湖のなかで進化したものである（Snoeks, 2004）．ついでながら，この 800 種という数字は驚異的である．たとえばヨーロッパ全体の淡水魚の数は 250 種程度とされており，マラウィ湖にはこれをはるかに上回る固有種が生息していることになる．マラウィ湖はおそらく，世界でもっとも魚類の種数が多い湖である．DNA の分析から湖のほぼすべてのシクリッド類はたった 1 種の祖先種から，湖の成立以来 400 万–500 万年ほどの間に急速に進化したものと考えられている．しかも，その後もマラウィ湖は何度か完全に干上がったことがあるらしい（Wong et al., 2005）．つまり，地球の歴史から見ればごく短い間に，たった 1 種から 800 種のシクリッドが進化したのである．この，進化史的に見ればきわめて急速な，爆発的ともいえる種の分化が，世界中の進化生態学者にとってたまらない謎なのである．

　湖の魚は，生物学的に貴重であると同時に，沿岸の人々にとって貴重なタンパク質源，現金収入源である．1970 年代には，魚はマラウィの国民が摂取する動物タンパク質の 70%，総タンパク質摂取量の 40% を占めていた．しかし，漁業資源の劣化と人口の急増のために，国民が口にする魚は年々減少しているという（Government of Malawi, 2012）．漁業は国民総生産の 4% を供給しており，5 万人の漁業者，35 万人の漁業関連産業の雇用を生み出し，マラウィ湖沿岸に住む人々の 14% が漁業と関連産業に従事しているといわれている．漁業は，とくに貧しい人々の生活を支える産業でもある．マラウィの漁民の 99% が，小舟（ときには丸木舟）を使って多くても 10 人ほどの漁師が操業する零細漁業者であり，零細漁業者による漁獲は総漁獲の 85–90% を占めているといわれている（図 1.5）．したがって，漁法は単純であり，漁場も沿岸から 10 km 以内である．丸木舟と刺し網や延縄などのシンプルな漁具さえ整えれば漁業に参入できることが，貧困層に貴重な就業機会を提供している．また，単純な漁法によって漁獲される魚は安価で流通されるため，貧しくても買える貴重なタンパク質源になる．たとえば，大量に漁獲できる小型のプランクトン食のシクリッド類を総称してウタカと呼ぶが，ぼくがマラウィで調査していたころには，ウタカの日干しならば 1 匹 1 円前

**図 1.5** マクレアー岬の漁村の零細漁業者．丸木舟と刺し網で多様な魚を捕らえる．

**図 1.6** 大量に漁獲できるウタカは天日干しや燻製で保存され，各地に流通して安価な動物タンパク質源となる．

後で購入することができた．マラウィ湖の魚は，とくに貧しい人々の生活に不可欠なタンパク質源，換金資源なのである（図 1.6）．

　貧困と人口増加の圧力の下で，マラウィ湖の漁業は過剰漁獲の兆候を示している（Government of Malawi, 2002）．マラウィ湖の年間総漁獲高は 1990 年の 7 万 858 トンから 2000 年の 4 万 3019 トンに激減した．また，チャンボと呼ばれるマラウィ湖固有のシクリッド類の仲間は，都市部での需要が大きく，マラウィにおける国民魚ともいえるものだったが，1990 年代後半には

漁獲がほぼ壊滅した．これに対しマラウィ政府は 1997 年に水産資源保全管理法を制定し，網の目合いサイズ規制，漁具規制，禁漁期（主要漁獲種について繁殖期である雨季を禁漁）などを導入した．また，水産資源の協働管理の仕組みとして沿岸村落委員会（Beach Village Committee；BVC）を設立し，地域の人々による自主的な資源管理ができる仕組みを整えた．しかし，1999 年の調査では，マラウィ湖では違法なはずの地引網が随所で使用され，96% の刺し網の目合いサイズは違法であったという（佐藤，2008a）．

　このようなマラウィ湖の漁業の現状を前にして，魚類生態学者としてなにができるだろうか．人々の生活にとって重要な魚種を選んでその生態をくわしく調べ，資源管理に必要な知識を生産することは，生態学者が本領を発揮できることにちがいない．たとえば，繁殖場所の分布と繁殖期をくわしく調べることによって，重要な繁殖場所に限って繁殖の最盛期だけ漁獲を控える，などといった，人々の生活に対する影響を最小限にとどめた資源管理のアプローチを提案できるのではないか．このようにして，ぼくは貧困のなかにある地域社会で，漁業資源の持続可能な管理に役立つ「課題解決のための生態学」を模索することになった．

**（2）水産資源としてのカンパンゴ，生態学者にとってのカンパンゴ**

　マラウィ湖の固有種である大型のナマズ，カンパンゴ（*Bagrus meridionalis*）は，じつにおいしい．薄塩で焼くと脂ののった白身がジューシーで，かなりこってりしてはいるが日本人の味覚にもよく合う．マラウィの人々も，全長 1 m に達するこのナマズを好み，都市部では燻製にしたものが高値で流通している．湖沿岸の漁民は，このナマズを刺し網や延縄を使って漁獲する．零細漁家にとっては，現金収入をもたらす貴重な資源である．

　小さな魚ならば，日干しにして保存し，流通させることができるが，カンパンゴなどの大型の魚は，ふつうは燻製して流通される．燻製に加工するためには，そのための設備と技術が必要である．沿岸の漁村には，カンパンゴなどの燻製窯を設置し，燻製業を営む人々もいる（図 1.7）．また，浜辺で漁師から魚を買い付けて燻製し，大都市に運んで売りさばく行商人も多い（図 1.8）．このようなさまざまな小規模の漁業関連産業を営む人々の生活も，カンパンゴの周辺で営まれている．カンパンゴは湖沿岸の人々の日常の食卓

図 1.7 燻製窯のなかのカンパンゴの切り身．カンパンゴはまず軽く天日干ししてから燻製される．

図 1.8 マラウィ大学があるゾンバ市の市場でカンパンゴの燻製を売るトレーダー．マクレアー岬でカンパンゴを買い付け，200 km ほど離れたゾンバまで運んで販売する．

にのぼる魚ではない．毎日のおかずは，商品価値の低い小魚が中心である．高価なカンパンゴは，漁業者だけでなく加工流通にかかわる多様な人々の現金収入源を提供する，重要な換金魚種である．

一方で，カンパンゴは生態学者の目から見てもすばらしく魅力的な魚である．カンパンゴは繁殖期である雨季になると，両親が岩場と砂地の境目に大

**図 1.9** 孵化したばかりの稚魚を守るカンパンゴのオス親．この後3カ月にわたって両親が子どもの群れを守り，メス親が栄養卵を給餌する．

きなすり鉢状の繁殖巣をつくり，3カ月にわたって卵と子どもをしっかりと保護する（図1.9）．この間に，直径1mmの小さな卵から生まれた子どもは，全長10cmにまで成長する．子を保護している間，メス親は繰り返し卵を産んで子どもに食べさせる．つまり，繁殖のために産卵するのではなく，保護している子どもの餌として卵を生産するのである（LoVullo et al., 1992）．このような行動を栄養卵給餌という．世界には3万種近い魚類が生息しているが，栄養卵給餌が確認されているのはカンパンゴだけである．なぜこのような生態がカンパンゴだけに進化したのか，その答えはまだよくわかっていない．

　マラウィ湖に住む800種を超えるシクリッド類は，1種を除くとすべてが口のなかで卵を保護するマウスブルーダーである．例外的な1種も数は多くない．つまり，この環境では，魚の卵や稚魚はほとんどすべて，親の口のなかで保護されていることになる．そのなかで，カンパンゴの繁殖期には，その繁殖巣だけに小さな卵や稚魚がたくさんいる状態になる．このような状況では，カンパンゴの巣に卵や小魚を狙う捕食性のシクリッドが集まる．しかし，大きなカンパンゴの親がしっかりとガードしているので，そう簡単に捕

食者が狩りに成功することはない．カンパンゴは3カ月にわたって子どもを保護するので，繁殖巣のまわりには，親にガードされた小魚にとって安全な空間が長期間にわたってできることになる．シクリッドのなかには，この安全な空間を託児所代わりに利用する種がいる．口のなかで保護していた子どもが独立する時期になると，カンパンゴの繁殖巣にやってきて子どもを放すのである．カンパンゴが子どもを保護するという行動を，他種の子どもが利用するという構造だ．カンパンゴの繁殖巣は，さまざまな魚が密接な相互作用を行っている小宇宙であり，カンパンゴは多様な種の相互作用の核となっている．カンパンゴの生態をくわしく理解することは，水産資源としての管理のためにも，またマラウィ湖の生態系を管理していくためにも，貴重な知識基盤を提供するはずである．

### （3）地域社会のための研究——地域環境学の始まり

地域の人々の生活にとって重要な水産資源であり，なおかつ生態学的にも興味深いカンパンゴは，地域社会のための科学を模索する生態学者にとって最適な研究対象である．そこでぼくたちは，カンパンゴを中心としたマラウィ湖の魚類生態系について，領域融合的であると同時に地域の多様な人々（ステークホルダー）と深く連携した，現実社会が抱える課題の解決を模索する研究（トランスディシプリナリー・アプローチ）を企てた．カンパンゴの生態をくわしく調べると同時に，社会科学者や地域の人々の助けを借りて沿岸社会の人間活動についての知見も蓄積し，マラウィ湖沿岸に暮らす人々の課題の解決と生活の向上に貢献できる知識を提供することを目指したのである．これが，ぼくにとって最初のユーザーを意識した科学，地域の人々に活用されることを目指す科学の実践だった（佐藤，2005）．これを契機に，ぼくの研究は生態学の領域を大きく逸脱し，地域社会が必要とする多様な領域を融合した，地域の人々による問題解決をサポートするための科学に進化していった．「地域環境学」の基礎がこうして形成されていったのである．

多様な領域にわたる研究のなかで，まずカンパンゴの生態について，資源管理の観点から重要と思われる点を簡単に整理しておこう．ぼくたちは後で述べるマラウィ湖国立公園のチェンベ村で，カンパンゴの調査を実施した．この村は湖南部における代表的なカンパンゴの水揚げ地である．カンパンゴ

は沖合を広く移動する種だが，繁殖期である雨季になると浅い沿岸に集まり，岩場と砂地の境目にすり鉢状の繁殖巣をつくる．カンパンゴの巣から親に保護されている子どもを少しだけ採集して，胃のなかを調べてみると，カンパンゴの子どもはほとんどメス親が与える卵だけを食べている．食べている餌の重量の 90% が，メス親が与える卵である．つまり，カンパンゴの子どもはメス親が与える卵に大きく依存している．巣のなかの限られた空間では，卵以外に得られる餌はたいへん少ないだろう．実際に，メス親が与える卵が不足すると，子どもの栄養状態が悪くなり，成長が遅くなることもわかった．餌不足が起こり，成長が遅れると，子どもにとっては捕食されやすい危険な時期が長期化することになる．メスがいなくなってしまうと，子どもは餌がなくなり，未熟なままで巣を離れざるをえない．そうなれば，死亡率は大きく上昇するだろう．繁殖巣の維持とメスの存在が，カンパンゴの再生産に決定的に重要であることが，こうしてはっきり確認された．

　カンパンゴの両親のうち，オスは保護の期間を通じて，繁殖巣を離れることはまったくない．絶えず，卵や子どものすぐ上にいて，3 カ月間まったく餌を食べるようすもない．これに対してメスはしばしば巣を離れ，とくに夜間には広く移動しながら，おもに寝ているシクリッドを捕食する．とくに新月前後の暗い夜には，さかんに餌を食べるらしいことがわかった．子どもに与える栄養卵を生産するために，メスは多くの餌を食べる必要があるのだろう．子どもがメス親によって与えられる栄養卵に強く依存して育つこと，メス親が夜間にさかんに巣の外に出て餌をとることは，カンパンゴの再生産を維持するためには，繁殖期に浅い沿岸域でカンパンゴの繁殖巣とメス親を保護することがたいへん重要であることを示している．また，カンパンゴの巣を託児所として利用するシクリッドのなかにも重要な水産資源が含まれるので，カンパンゴの繁殖巣の保護はほかの水産資源の保護にもつながることになる．

　マラウィ湖の零細漁家にとって，沖合を広く泳いでいるカンパンゴは基本的に漁獲対象にならない．チャンスはカンパンゴが沿岸の浅いところにやってくる繁殖期である．ということは，地域の人々の漁業活動が，子の保護をしているメスと繁殖巣に大きな圧力を与える可能性がある．ぼくたちはカンパンゴの特異な繁殖生態についての知識を基礎に，漁業活動の分析を通じて

カンパンゴの持続可能な資源利用の仕組みを考えていくことにした．

## 1.3 マラウィ湖国立公園

### (1) 人々の生活と保護区の共存

南北に細長いマラウィ湖の南端に突き出すマクレアー岬の一帯は，マラウィ湖国立公園に指定されている（図1.10）．1980年に設立されたこの国立公園は，沿岸の浅い岩場をおもな生息場所とするシクリッド類（ムブナと総称される）の固有種を保護することを目的としたものであり，マクレアー岬とその周辺の島々がつくりだす複雑な地形が，とくに多様なムブナの生息を支えていることから，国立公園に指定され，1984年にはユネスコの世界自然

**図 1.10** マラウィ湖国立公園は，流域保護のための陸域保護区と，陸域保護区沿岸から100 mの範囲の水中保護区，および5つの漁村から構成される．最大の漁村はチェンベ村である．

遺産にも登録されている（Government of Malawi, 1981）．半島部と島々は陸域保護区に指定され，森林の伐採や農耕は制限されている．これは表土の流出などによる沿岸環境の悪化を防ぐための措置である．また，陸域保護区の岸から100 mの範囲は，浅い岩場に生息するムブナを保護するための水中保護区に指定されており，漁業活動は禁止されている．

　貧困と人口増加の圧力のもとで自然資源の持続可能な管理を実現しようとするとき，自然環境の一部を保護区としてアクセスを制限し，資源の増殖を保証するという手法は合理的である（Western and Wright, 1994）．しかし，古くから保護区内外で生活し，自然資源に強く依存する住民にとっては，保護区が設定され，保護区内の資源にアクセスができなくなることは死活問題である．アフリカの後発開発途上国では，自然保護の論理を優先し，そこに住む住民を排除するかたちで巨大な保護区を設定することが多かった．その結果，住民と保護区のコンフリクト，密漁，密猟が多発することになった．日本人にもなじみの深いケニヤやタンザニアの大規模な国立公園では，住民は保護区から排除され，保護区の外で新たな農地を開墾して生活することを強いられた．国立公園は魅力的な野生動物を観光資源として活用し，貴重な外貨をもたらしているが，地域の人々にとっては，保護区とのコンフリクトは深刻である．保護区内で増えたゾウなどの野生動物が農地を荒らし，人命が失われる被害もしばしば発生する．保護区から得られる利益が地域の人々に還元される仕組みはほとんどない．

　アフリカ各地の国立公園は，こういった観光資源として魅力的な場所だけではない．後発開発途上国の政府の多くは多額の債務を抱えて財政が逼迫しており，保護区を制定しても適切な管理のための資金と人材を提供することが困難な場合が多い．観光収入を管理のコストに充てることができない場合，保護区ができてもアクセス管理がほとんどなされないという有名無実の状態が起こる．これをペーパーパークと呼んでいる．保護区管理体制の崩壊を防ぐために地域住民に管理の権限を移譲して住民主体の管理を促す試みも数多く行われているが，地域社会に保護区管理への十分なインセンティブがない状態では機能しないことが多い．

　マラウィ湖国立公園は，これらの保護区とは大きく異なり，設立当初から公園内に5漁村が存続している．国立公園設立の際に，それまでのアフリカ

各地の国立公園におけるコンフリクトの教訓をふまえて，人間と保護区の共存を意図した設計が行われた．最大の漁村はチェンベ村で，1万人以上の人口を抱えている（図1.10）．多くの人々は漁業と関連産業，観光業などに従事するとともに，村の周辺に農地を持ち，半農半漁の生活をしている．水中保護区が陸域保護区の岸から100 mという狭い範囲に限定されているため，それ以外の湖域を利用した漁業活動はたいへんさかんである．陸域保護区でも，一定のルールにしたがって薪の収集ができる仕組みになっており，人々の生活を支える自然資源を利用できる仕組みが整っている．しかし，人口増加による自然資源への圧力が増大すれば，保護区管理に大きな問題が発生しうることは当初から予想されてもいた（Abbot and Mace, 1999）．このような人間生活と自然の調和を目指す国立公園を，貧困と人口増加の圧力のもとでどのようにしてうまく管理していくかという，たいへん困難な課題が残されていたのである．

### （2）漁業活動と保護区

マラウィ湖国立公園のなかにあるチェンベ村では，漁民は多様な魚種を捕らえる刺し網，おもにナマズなどの大型魚を狙う延縄，少し沖合でプランクトン食の小型魚を狙うチリミラ（表層巻き網）などの多様な漁法を用いて魚をとっている．このなかで刺し網がもっともさかんで，私たちが調査をした2000年には約70張が確認できた．刺し網や延縄にはカンパンゴがよくかかり，カンパンゴの資源状態はかなり良好に見える（図1.11）．マラウィ湖国立公園の水中保護区は，資源管理ではなくシクリッド固有種の保護を目的として設計されたものだが，保護区となっている浅い沿岸域はほかの魚種にとっても重要な採餌場所，繁殖場所であり，資源管理上の効果が期待できる．とくに換金価値の高いカンパンゴは，繁殖期である雨季に浅い岩場付近に繁殖巣をつくり卵や子どもの保護を行うので，水中保護区が効果を発揮すれば，繁殖巣やメス親の保護に効果があるかもしれない．裏を返せば，漁獲圧が高いにもかかわらず，カンパンゴの資源状態が良好に保たれている背景には，保護区の効果があるのかもしれない．実際に，湖沿岸のほとんどの地域でカンパンゴは激減しており，チェンベ村のように資源が良好に維持されている地域はたいへん少ない．

**図 1.11** 水揚げされたカンパンゴ．チェンベ村は湖南部で最大級のカンパンゴの水揚げ地である．

　マラウィ湖国立公園の管理は，チェンベ村の村はずれにあるマラウィ政府国立公園局の事務所が行う．ぼくたちも，国立公園局と連携しながら，カンパンゴなどの調査を行ってきた．しかし，ぼくたちが調査していた3年間，さらにはその前の数年をさかのぼっても，国立公園局が水中保護区のパトロールを実施した記録はなかった．実際に国立公園局の研究者に話を聞いてみると，予算も人員も足りなくて，湖上のパトロールのためのガソリン代や人手が手当てできないのだという．保護区は設定したものの，実際の強制力は持たない，典型的なペーパーパークだったのである．陸域保護区についても事情は似ていて，徒歩でパトロールできるから水中保護区よりはコントロールできているが，人手が足りないため十分な取り締まりはできていないという．保護区は実際のところ強制力がなく，漁業資源管理の効果は期待できない．だとしたら，カンパンゴの資源状態が良好に保たれている理由はなんだろうか．もしかしたら，漁民の漁業活動のあり方に，なにかヒントがあるのかもしれない．このような問題意識から，ぼくたちは漁民の調査を始めることになった．ぼくにしてみれば，魚の生態学者が漁民の生態研究に転身したようなものだったが，これがまたしても，目からうろこが落ちるような新しい視界を開いてくれることになった．

　刺し網漁は沿岸近くでカンパンゴなど大型のナマズ類を狙うことが多いの

で，カンパンゴの繁殖巣に大きな影響を与えうるだけでなく，保護区とのコンフリクトも招きやすい．そこで，ぼくたちは刺し網漁に焦点を絞って漁業活動の実態を調べることにした．村人は，保護区の規制についてはたいへんよく知っているが，それに対してあからさまに不満を述べることはない．漁民の間には保護区内でよく魚がとれるという認識はあるものの，保護区の存在をとくに抵抗感なく受け入れ，共存しているように見えた．一方で，漁業への参入にはほとんど制限らしいものは見当たらず，近隣の村から漁民がやってきて網をかけ，チェンベ村に水揚げするようすもよく見かけられた．湖の魚は無主物であり，だれもが漁獲してよいというのが一般的なルールであった．しかし，チェンベ村への居住など住民生活の日常のさまざまな側面では，村の伝統的な首長（Traditional Authority；TA）の権威が強く働いており，漁業者の数や漁業活動のあり方も，実質的にはTAによるコントロールを受けているとみなすことができた．この一見したところ平和的な保護区と漁民の関係，そして伝統的な首長によるリーダーシップのなかに，カンパンゴの資源を維持している仕組みが隠されているのではないだろうか．

## （3）魚と漁民の「ひとり学際研究」——観察と聞き取りを通じて

　刺し網漁を行う漁民の漁業活動の実態を理解するために，ぼくたちは生態学者が得意とする徹底的な観察と，社会科学者が得意とする聞き取り調査を組み合わせることにした．刺し網漁は，数百mの長さの網を水中にフェンス状に設置する漁法であり，そのためには網を湖底に沈めるための重り，湖底から直立させるための浮き，網の両端につけて回収のための目印にするブイなどが必要である．漁具に対する投資を最小ですませることは，貧しい漁民にとって非常に重要な課題だろう．そのため，漁民は網の素材にさまざまな工夫を凝らしている．重りには小石を使うし，網を直立させる浮きには発泡スチロールの破片を活用し，網はボロボロになってもていねいにつくろって使い続ける．目印のブイもすべて手づくりで，大きな発泡スチロールのかたまりや木片などが使用されている．日本でよく見るようなプラスチック製の既製品のブイは村にはないので，すべてのブイは固有の構造とかたちを持ち，したがって，湖上でブイのかたちを記録しておけば，その後の水揚げ時にも，またつぎに網がかけられたときにも，網の所有者までさかのぼって追

跡することが可能である（図1.12）．

　刺し網漁を行う漁民は夕方に網をかけ，翌朝に回収する．そこで，漁民が網をかけ終わったころに湖上を回り，かけられた網のブイの位置をGPSで測定すると同時に，ブイのかたちを記録するという調査を設計した．保護区の境界の周辺でブイの位置を記録すれば，保護区の規則を漁民がどの程度順守しているかがはっきりする．翌朝の水揚げ時にビーチを回れば，位置がわかっている網について漁獲を調べることができる．水中のカンパンゴの繁殖巣の分布は，生態学者の本領を発揮して詳細に把握しているので，これと網がかけられた位置を照らし合わせることもできる．また，ブイのかたちから網をかけた漁民，網の所有者を割り出すことができるので，インタビューや日常の会話から，彼らの保護区に対する認識や考え方を理解することができる．カンパンゴという生物を中心として，多様な研究分野を融合した研究を展開することによって，カンパンゴの資源を効果的に管理していくための，この村の実情に即したアプローチを解明できるにちがいない．まさに地域社会の固有性に即した，問題解決指向の総合研究を目指したのである（Sato *et al.*, 2008）．

　ここでぼくたちが展開した領域融合的で総合的な研究のアプローチを，

**図1.12**　湖上で目印となる刺し網のブイ．すべて手づくりでひとつとして同じかたちのものはない．

「ひとり学際研究」と呼ぶ人がいる（森岡，1998）．この研究はマラウィ人の共同研究者も含めて4名の共同研究であるのだが，そのなかに社会科学の専門的トレーニングを受けたものはいなかった．環境社会学者のアドバイスを受けつつ，おもに生態学のバックグラウンドを持つ仲間が，あえて漁業活動の総合研究に着手した理由は，学問の領域が与える問題のフレーミングではなく，現実社会のなかにある課題のフレーミングにしたがって研究を設計したことにある．チェンベ村で実現可能なカンパンゴの資源管理のあり方を，チェンベ村の実情を理解することを通じて明らかにしたい．そこには後発開発途上国における持続可能な自然資源管理という困難な課題に対する，なんらかの答えがあるにちがいない．現実社会から突きつけられた課題に駆動されて，研究に参加したひとりひとりが，個別の研究領域を超えた総合的な視野から，自分に可能な限り幅広い学問領域の手法や概念を動員して領域融合的な研究に挑んだのである．ひとりひとりの研究者のなかで，地域社会の課題に直面することを通じて，領域融合的な統合が実現すること．この「ひとり学際研究」が，社会が直面する課題に駆動された問題解決指向の地域環境学の根幹なのである．

## 1.4　保護区を使いこなす漁民

### （1）不思議なかたちのブイ

カンパンゴをめぐる領域融合的な研究の試みは，保護区という仕組みに対するぼくたちの固定観念を根底から揺るがすような成果を生み出し，ぼくのその後の研究者人生を一変させることになった．ことの発端は，チェンベ村の漁民が使っている刺し網のブイの奇妙な特徴だった．ひとつの刺し網は，数百mから1km以上の長さがある．これを湖底に仕掛ける際には，網の両端に長いロープをつなぎ，水面にブイを浮かせて目印にする．廃物利用に徹した網でも，漁民にとっては生活を支える貴重な資材である．湖が荒れてロープがはずれ，ブイが2つとも流されでもしたら，網の回収ができなくなる危険がある．刺し網の両端のブイは，漁民にとって大切な目印であり，湖上での見つけやすさを最優先にデザインされるべきものに思えるだろう．

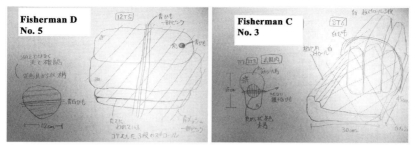

**図 1.13** ひとつの刺し網の両端に使われていた，まったくかたちがちがうブイ（フィールドノートのスケッチから；牧本直喜，原図）．

　ところが，調査を始めてすぐに，ぼくたちはチェンベ村の漁民が使う刺し網に，両端のブイの大きさとかたちが極端に違うものが多いことに気づいた（図1.13）．片方のブイは大きな発泡スチロールなどをつなぎ合わせたよくめだつかたちなのに，もう一方のブイは極端に小さく，木片などを使っためだたない色のものであることが多いのである．小さいブイは，湖上で探そうとしてもたいへん見つけにくい．もし大きいほうのブイが失われたら，網を回収することがきわめて困難になることが予想できる．安全のためには網の両端に大きくめだつブイをつけるのが当然なのに，なぜわざわざめだたない小さなブイを片方に使うのか．この思いもよらない事実を前にして，ぼくたちは予想外の困難に直面することになった．ブイの位置から網の位置を特定することをもくろんでいたのだが，片方のブイしか見つからず，長い刺し網のもう一方の端がどこにあるのかわからない例が続出したのである．

### （2） 漁民の不可解な自制

　湖上で発見したブイの位置を詳細に分析していく以外に，この困難を解決する方法はない．1年にわたって毎週のように湖に通い，とくにカンパンゴの漁期であり繁殖期でもある雨季に集中的な調査を行って，ブイのかたちからチェンベ村の漁民が設置した385張の網の位置を特定することができた（図1.14）．ただし，そのうち両端のブイを見つけることができたのはわずか35例．小さなほうのブイを見つけるのがいかにむずかしいかわかるだろう．すべての網のうち，保護区内に仕掛けられていたものはわずか26％だ

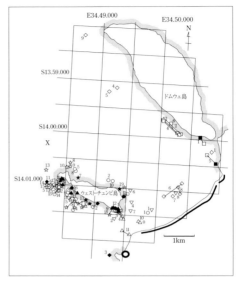

**図 1.14** 湖上にかけられた網の位置の分布（代表的な漁師 6 人の刺し網の位置）．漁師は保護区を意識しながら自制的な漁獲活動を行っている（Sato et al., 2008）．

った．もちろん，ブイが片方しか見つからなかったものが多いので，これは過小評価である．もう一方の端が保護区内という可能性もあるからだ．そこで，保護区のすぐ外に大きなブイがあり，もうひとつのブイが見つからなかった例を，一部が保護区内にかけられた網と考えると，違反率は 53% になった（Sato et al., 2008）．この数字をどのように考えるか，解釈は多様でありうるが，実質上取り締まりが行われていない状態での違反率としては，かなり抑制が効いていると見てもよいだろう．少なくとも，漁民がよく魚がとれると認識している保護区内に，意図的に集中して網をかけるような，あからさまな違法操業が行われているわけではないことは確実である．

漁民の奇妙な行動は，ブイのかたちだけではなかった．網の両端のブイの位置を特定できたもののうち，保護区内に網をかけた例の 77% で，漁民は保護区の境界を横切るように網をかけていた．ここでも，網全体を保護区内に仕掛けるようなあからさまな違法行為はけっして多くない．そして，そのときに小さなブイを保護区内に設置した例は 89%，残りは両端ともに大きなブイをつけた網を使っており，小さなブイを保護区の外，大きなブイを保

護区の内側にかけた例は皆無だった．これで，小さなめだたないブイの謎が解けた．めだたないブイは，保護区内に網をかける際に使われるものだったのである．しかも，漁民は保護区の境界近くに網をかける場合と沖合の保護区から離れた場所にかける場合とで，ブイを使い分けていることもわかった．保護区外に網をかける場合は，両端に大きなブイをつけていることが多く，保護区内に網をかける場合は，片方に小さなブイをつけるのである．

**（3）だれの目が気になるのか**

　この漁民の自制は，国立公園管理当局による取り締まりが実質上行われていないことを考えると，じつに奇妙である．だれも取り締まりにこないことは十分わかっているのに，漁民はなぜ，違反が発覚しにくいようなあの手この手の対策を講じているのだろうか．図1.14はとくに多くの網の位置を特定できた6人の漁師のブイの位置を示すものだが，その答えはこのブイの分布にある．チェンベ村の西側の沖合に，ウェスト・チュンビ島がある．この島は陸域保護区であり，周囲の岸から100 mは水中保護区である．また，島の沿岸にはカンパンゴの繁殖巣が多く，優れた漁場でもある．この島の周囲に仕掛けられた網は，明らかに集落からは島の陰になって見えない北西側に多く，集落から見える南東側には少ない．漁民は保護区の境界から200 m以内の，遠くから見ても違反が疑われる可能性がある位置に網をかける場合には，集落からは見えない島の裏側を好み，沖合の違反を疑いようのない位置にかける場合にはそのような気遣いはしない．皮肉なことに，網が密集する島の西側は，国立公園事務所からはむしろ見えやすい．漁民は国立公園の管理者ではなく，集落の目が気になっているように見える．

　このような網の分布は，もちろんほかの原因でも起こりうる．たとえば，島の南東側にはカンパンゴが少なく，北西側には豊富な場合なら，漁民はもちろん北西側を選ぶだろう．ぼくの本業は魚の生態学であり，カンパンゴの繁殖巣の分布については，もちろんしっかりデータがある．ウェスト・チュンビ島の周辺はカンパンゴの巣が豊富で，島の南東側でもたくさん見つかっているので，この可能性は否定できる．さらに，島の南東側では巣がある位置の平均水深が北西側に比べてかなり浅い．これまででもっとも浅い位置の繁殖巣は，島の南東側の水深1.5 mの地点で見つかっている．つまり，島の

南東側で効果的に漁をしようと思ったら，より岸に近い位置に網をかけることになり，だれの目から見てもあからさまな違反を避けることはむずかしくなるのである．

　保護区内に網をかける場合に小さなブイを使うのは，おそらく仲間の漁師の目を気にしてのことだろう．ブイのかたちや素材から，網の所有者を知ることができるので，保護区内で大きなブイを使っていれば，仲間の漁師にはだれのものか一目瞭然である．さらに，漁民はビーチでの水揚げの際にも，小さなブイを見られることをひどく嫌う．刺し網でとれた魚をビーチに戻って網から外すときには，当然ながら，網のどちらかの端から外していくことになる．チェンベ村の漁民は，必ず小さなブイをつけた端から魚を外し始め，素早く網を地面に置いた小さなブイの上にかけて隠そうとする．ぼくたちがブイを手にとってしげしげ見るとか，写真をとろうとすると，あまりにも不愉快そうな顔をするので，けっきょく写真はとれていない．小さなブイが違反用であることは，村人はおそらくよく知っているだろうから，これはおそらく違反操業を行っていることがコミュニティのなかで広く知られることを警戒する行動なのだろう．

　こうして，漁民が保護区を強く意識しながら，まったく取り締まりが行われない状況でも，わざわざブイのかたちまで工夫して，遠慮がちな保護区内での操業を行っていることがわかった．その際に，漁民はコミュニティの目を気にしており，集落から見えない島の裏側を好んで網をかけていた．漁民は保護区の規制と対立するのでも，拒否するのでもなく，うまく保護区と共存しながら制度を使いこなしているように見える．その結果，カンパンゴの巣が豊富に分布する島の南東側で漁獲圧が大きく低下し，これが実質的な漁業規制として機能している．島の沿岸の広い範囲で漁獲圧が低下し，カンパンゴの繁殖巣とメス親が保護されていることが，カンパンゴの再生産を保証し，それが結果的にカンパンゴの良好な資源状態をもたらしているものと考えることができる．違法な操業を行っていることがコミュニティ内部で知られることを嫌う漁民の心理が，貧困のなかにあっても，保護区とうまく共存しつつ自制の効いた操業パターンを生み出し，それが実質的に漁業資源の維持に重要な役割を演じている．国立公園としては規制の強制力を欠いたものではあるが，漁民の行動にこのような間接的な効果をもたらすことで，実効

性ある資源管理が実現しているのである．したがって，このような漁民の行動がどのような原因でつくりだされているのかを理解できれば，後発開発途上国の困難な状況のなかでも，地域の人々が主体となった持続可能な資源管理の仕組みを設計できるかもしれない．

## 1.5 科学を取り込み飼いならす

### （1）対立を避ける仕組み

　マラウィ湖国立公園の場合，保護区という制度は貴重な固有魚種を保護することを目的とした，科学的な基盤をもって設計された制度だが，そもそも固有種保護という課題は，地域に暮らす人々にとってはまったく切実なものではない．チェンベ村の人々，とくに漁民は，このような制度的枠組みを押しつけられたかたちだが，それでも強く反発するでもなく，保護区と共存しているように見える．チェンベ村の漁民と国立公園の水中保護区の，一見したところ平和的な共存関係をもたらした原因として，まっさきに思いつくのが規制の強制力の欠如である．一般に保護区を設定しても強制力がない状態はペーパーパークと呼ばれ，管理不能な状態としてネガティブな評価を受ける．しかし，水中保護区に関する強圧的な取り締まりがまったくといってよいほど行われていないこと，陸域保護区についても緩やかな取り締まりしか実施されていないことが，逆説的に保護区に対する住民の反発を和らげ，保護区の存在を受け入れ共存していくという傾向を育てているように見える．水中保護区ではすべての漁業活動は禁止されており，違反に対しては網の没収という罰則がある（図 1.15）．網が漁民の生活を支える貴重な財産であることを考えると，これはけっして柔らかな規則ではない．漁民にとっては生活の糧が失われることを意味するのである．規則どおりの取り締まりが行われていたら，漁民の保護区に対する反発は拡大し，コンフリクトが顕在化する可能性が高いだろう．

　聞き取り調査のなかで漁民から，保護区内での操業経験やその理由についての話を聞くことはできなかった．しかし，日常的なつきあいのなかで，一度だけこんな話を聞くことができた．ある漁民が数日前に保護区内に網をか

けたといいにくそうに切り出した．その理由は自分の子どもが小学校に入学し，制服代が必要だったためだという．この話から，漁民ができる限り保護区の規制を尊重しつつ，やむをえない事情がある場合に，豊富な漁獲を期待して保護区内に網をかける，というパターンを読み取ることができる．規制を可能な限り尊重するという姿勢が基礎となって，明白な違法操業がコミュニティ内部で知れわたることを嫌う傾向が生まれ，その結果として，違法性を和らげるためのさまざまな工夫を凝らすようになってきたのではないだろうか．

　国立公園局の職員の姿勢にも，コンフリクトを巧みに避けることにつながる態度が見え隠れしている．国立公園局の職員は，村から少し離れた事務所近隣の官舎に住んでいるが，生活の基盤はあくまでも村にある．多くの職員が日常的に村を訪れ，村人と語り合い，いっしょにビールを飲み，近所づきあいをしている．職員は村人から見ればほかの地域からやってきた外部者だが，同時にコミュニティに深くかかわる住民でもある．この微妙な距離感のなかで，国立公園局の職員のなかに村人とのコンフリクトが発生する危険を避けようとする傾向が生まれることに不思議はない．たんに予算が足りないから取り締まりができないというシンプルな理屈ではない．もっと微妙な人間関係のなかでの力学が動いているにちがいない．

**図1.15**　網の手入れをする漁師．網は漁師の生活を支える貴重な資材であり，網の没収は生活に大きな影響を与える．

ぼくたちの調査が終了した翌年に，久しぶりに水中保護区の違反者に対する取り締まりがあったという話を，共同研究者から聞くことができた．ウェスト・チュンビ島に新しくできたリゾート施設のオーナーによる要請で，リゾートがボートの燃料を提供して取り締まりが行われたという．マラウィ湖の漁師は，夜の漁の際に，声を合わせて歌いながら網を引くことがある．この歌がリゾートの宿泊客にとって迷惑，という理由で，リゾートのオーナーが取り締まりを依頼したという経緯らしい．操業していたのは隣村の漁民だった．規則どおり網が没収されたが，翌日には隣村から漁民グループが国立公園局に抗議に押しかけ，一触即発の状態になった．国立公園局はこのとき，保護区の意味とルールについて説明したうえで，ただちに網を漁民に返却したという．これを規制の強制力の欠如の証左，公園局の弱腰と見ることもできるだろう．しかし，ぼくにはこのケースが，保護区を管理する側のコンフリクト回避のための巧みな知恵と配慮を示すものに思える．杓子定規に保護区の規則を振りかざすのではなく，網の没収が漁民にとって深刻な事態であることをよく理解したうえで，リゾートの主張も漁民の立場も取り込んだかたちでの解決策をとったのではないだろうか．おそらくこのときの違反者が隣村ではなくチェンベ村の漁民だったら，国立公園局の対応はちがっていたかもしれない．取り締まりではなく，なんらかのチャンネルを通じた漁民への注意と説得などの手段が採用された可能性は高いと思われる．チェンベ村における水中保護区と漁民の平和的な共存は，村人と管理当局の両者が，保護区という制度を巧みに使いこなし，村社会の現実のなかで保護区をめぐるコンフリクトを巧みに避けながら，臨機応変な対応を続けていることによって維持されているのだろう．

（2）科学との相互作用による価値の変容

　チェンベ村には，国立公園制定のプロセスのなかで，多くの研究者や政府機関，NGO関係者が訪れてきた．現在でも，世界中のマラウィ湖のシクリッド研究者がこの村を訪れ，村を拠点として研究を行っている．こういった外来の専門家との交流を通じて，チェンベ村の人々のなかには，明らかに地域外に起源を持つ科学知が流入し，根づいている．たとえば，村人の間では，マラウィ湖の魚が世界的な価値がある貴重なものであることは，だれでも知

っている常識である．このような知識は，人々の日常生活のなかから生まれることはない．世界的な文脈にマラウィ湖を位置づけることで得られる視点であり，明らかに科学者によって外から持ち込まれた知識である．

　ぼくたちが村のビーチで調査をしていると，村人がときどきやってきて話しかける．遠来の研究者に対して，村人はわざわざマラウィ湖までやってきて研究するのはなぜか，マラウィ湖の魚はそれほど興味深いものなのか，などと問いかける．ぼくたちがここぞとばかりに，マラウィ湖の魚のすばらしさについて口角泡を飛ばして説明すると，人々はなんとなく満足げに去っていく．よく考えてみると，マラウィ湖の魚のすばらしさ，貴重さについては，村人はすでにさんざん聞かされており，ほとんど常識となっているはずなので，いまさらあらためてたずねる必要などありそうにない．人々は，おそらく「自分たちの湖」の価値について再確認する作業をしているのだろう．外来の研究者に繰り返し問いかけ，同じ答えが返ってくることを通じて，マラウィ湖とその魚に対する誇りと愛着が強化されているのではないか．このようにして，外来の科学が湖とその魚に対する人々の価値を変容させてきたのである．

　保護区の制度と湖にまつわる科学知は，チェンベ村の人々の日常の生活文化にも変化をもたらしている．ぼくたちと共同研究をしていた環境社会学者のグループが，丹念な聞き取り調査を通じて，チェンベ村の人々が異口同音に，水中保護区による保護のターゲットであるムブナ（岩場に住む小型シクリッド類の総称；図1.16）は「まずい」魚で，食べるものではないと認識していることを明らかにした（嘉田ら，2002）．これはたいへん奇妙なことである．湖岸のほかの集落を訪れると，ムブナが市場で売られているのを見ることができる．主要な水産物ではないのだが，ほかの魚種の漁獲が少ないときなどは，ムブナもふつうに売られ，食卓にのぼる魚なのである．ぼくも食べてみたが，すっきりした味わいのおいしい魚である．

　チェンベ村に限って，人々がムブナはまずいと語るようになった原因も，おそらく保護区の設定に前後して外から流入した科学知にあるのだろう．保護区設立のプロセスで，村人はムブナが世界的に貴重な魚であり，保護区を設けてしっかりと保護すべきものだというストーリーを，繰り返し聞かされたにちがいない．しかし，ムブナの世界的な貴重性という言説は，そのまま

**図 1.16** 水中保護区の浅いところを群れ泳ぐムブナ．保護区はマラウィ湖の固有のムブナの保護のために設定された．

では多くの村人の腑に落ちるものではなかっただろう．おそらく人々はこのストーリーを彼らの文脈のなかに再構築し，「ムブナはまずくて食べるものではない」という言説として受け入れ，納得していったのだろう．科学知との出会いと，その翻訳と再構築を通じた人々の在来の知識体系への取り込みのプロセスは，村人の湖とその魚に対する価値を変容させ，誇りと愛着を強化し，食文化にまで変化をおよぼしている．その結果として，湖の魚や環境に対して悪影響を与えうるふるまい，たとえば保護区内での漁をあからさまに行うことが，抑制される傾向が生じているのだろう．科学知と在来知の融合が，地域社会に新しい価値と規範をもたらし，それが漁民の自制的な漁業活動を支える要因のひとつとなっているようである．

### (3) 制度を活かすリーダーシップ

保護区とのかかわりのなかで，保護区という迷惑かもしれない制度を受容し，共存する態度が形成され，科学知の流入と翻訳を通じて湖に対する価値が変容し，誇りと愛着が強化されたとしても，それが地域社会の既存のリーダーによる判断や意思決定と矛盾していれば，コミュニティのメンバーの間に浸透することはむずかしい．チェンベ村の人々の生活の細部にわたって，

さまざまな判断と意思決定を行うのが，強い権威と指導力を持つ地域の伝統的首長，その名も「チーフ・チェンベ」である．チーフ・チェンベは村人に尊敬され，敬愛されており，村で問題が発生したとき，村の将来にかかわる判断が必要なときには，チーフの意思決定が決定的な影響力を持つと考えられる．私たちも村に調査に入る際には，かならずチーフの承諾を得る必要がある．

チェンベ村の人々の認識のなかでは，外部からもたらされた保護区という制度と，伝統的な意思決定システムであるチーフ・チェンベの判断が，矛盾することなく重なり合っているように見える．たとえば，村人はしばしば「チーフが怒るから生きた木を倒してはいけない」と語る．しかし，実際は生きた木を倒すことを禁止しているのは保護区の規則である．村人の認識では，この両者はほとんど一体となっているようだ．ここでもまた，村人は保護区の規則を意識し，可能な限り尊重しながらうまく使いこなしているようだ．陸域保護区における薪の採集は，少額の料金を支払った女性に限って，頭の上に載せて運べるだけの薪を採集できるというもので，倒木や落ちた枝だけが利用でき，生きた木を倒すことは許されていない（図1.17）．魚の燻製用の薪が不足するようなときには，村の男性がこっそり森に入り，めぼしい木を倒して，その場所を奥さんに教える．奥さんはきちんとチケットを購入し，教えられた場所で「倒れている木」から薪を採集する．ここでも集落の目を気にしてあからさまな違法行為を避ける態度が貫かれており，その際の規範となっているのは，「チーフが怒る」ことである．

チーフ・チェンベは漁業活動にも制限を発動することがある．ぼくが懇意にしていた漁民のもとに，あるときひとりの仲買人が現れ，村ではそれまで見たことがなかった真新しいナイロン・モノフィラメントの網を持ち込んで，契約を結んだ．この網を使って捕った魚は，必ずこの仲買人が購入する，という契約である．これは開発途上国の自然資源の枯渇をもたらしてきた典型的なパターンである．漁民はこれによって捕った魚を必ず買い取ってもらえるという保証を得る．この契約があれば，貧しい漁民は緊急に現金を必要とする事態になると，魚を買ってくれる仲買人から借金をすることができるようになる．借金をしてしまうと，その返済のために無理をしてでも操業することになる．こうして資源の過剰利用が助長される．ぼくは実際にこの漁民

**図 1.17** 森林保護区で採集できる薪は，家庭だけでなく魚の燻製にも使用される．燻製に用いる薪には，特定の在来の樹種が好まれている．

が新しい網を使って操業した初日に立ち会った．彼は 13 尾の大型ナマズを捕らえて，喜色満面でビーチに戻ってきた．漁獲のめざましい向上が話題になり，村に模倣者が現れていけば，資源の過剰利用は避けられないだろう．ぼくは背筋が寒くなるのを感じた．

ところが 2 週間後に村を訪れてみると，この網は，そして仲買人との契約も，チーフ・チェンベによって禁止されていた．禁止の理由は，「捕れすぎる網はほかの漁師に不公平」というものだった．つまり，チーフは資源管理という理由ではなく社会的公平性の観点から捕れすぎる網を禁止したわけである．しかし，村人の目には，この判断は保護区による漁業の制限の延長線上に見えるだろう．ここでも，保護区による漁の規制とチーフ・チェンベによる漁業活動の制限が，矛盾なく重なり合っている．チーフはほかにも，麻薬を常用する若者を追放する，などといった強権発動を行ってきた．一貫しているのはコミュニティの急激な変化を嫌う判断であり，そこでは資源管理はとくに意識されているようには見えない．しかし，チーフの権威が保護区の規則と矛盾なく重なり合っているため，「管理を意図しない管理」が実現しているのである．

実際には，チーフ・チェンベ自身が保護区との無用な対立を避け，むしろ

保護区の権威を自らの指導力の強化に利用してきたふしがある．保護区の制定に向けた準備段階では，当然のように国立公園に予定された区域からの，村の全面的な強制移住の案も検討された．チーフ・チェンベは，その際に当時の独裁者であった大統領に強制移住を避けるように直訴し，その結果，村が国立公園内に存続することになった，という伝説の持ち主でもある．チーフはおそらく，この伝説の権威を損なわず，むしろ強化していくためにも，国立公園局との良好な関係を維持することを重視しただろう．そのために，保護区の規則と明らかに対立するような判断，村人の保護区に対する不満を助長するような判断は慎重に避けていたものと思われる．このような，外から押しつけられた保護区のようなシステムをうまく活用しようとするリーダーシップの存在が，村人の目，つまりチーフの目を強く意識した漁民のふるまいの基礎となっているのだろう．

　チェンベ村では，漁民は保護区と集落の目を意識した自制的な漁業活動を行っている．保護区との共存を通じて規制をできれば尊重する態度が形成されていることと，外来の科学知が住民によって選択，変形されて在来の知識体系に取り込まれるプロセスを通じて，自然資源に関する価値が変化したことが，このような漁民の行動を支えている．また，制度としての保護区とチーフの権威を中心とした集落の伝統的な意思決定システムが矛盾なく重なり合い，管理を意図しない管理を実現していることも重要である．このようなシステムをよく把握し，活用していくことで，地域に暮らす人々自身が主導する実効性ある持続可能な資源管理の仕組みを構築できるはずである．

## 1.6　持続可能な資源管理に向けて

### （1）持続可能性を支える科学

　マラウィ湖でのこのような研究成果を基盤として，ぼくは地域の実情に対応した課題駆動型で問題解決指向の領域融合的な科学を，「地域環境学」と名づけ，自分でも実践していくことにした．ぼくたちが見出した漁民と保護区のかかわりを通じた漁業活動の調整システムは，確かにカンパンゴ資源への圧力を低減し，資源の劣化を防ぐ効果を発揮してきた．しかし，このシス

テムは，残念ながらこのままでは持続可能とはみなせない．大きな問題は，カンパンゴの資源状態の悪化に対応する仕組みを備えていないことである．もし村人の漁業活動以外の原因，たとえば沖合の大規模漁業による過剰漁獲などのせいでカンパンゴの資源が減少するようなことが起こったら，チェンベ村の漁民はどのように反応するだろうか．おそらく，漁獲努力を増大させて，なんとか生計を維持しようとするだろう．その結果，資源のさらなる劣化，枯渇が起こる可能性が高い．漁民がカンパンゴ資源を回復させるための選択肢を持たず，必要な情報にアクセスできるチャンネルがないことが問題なのである．この仮定的な例でいえば，カンパンゴが捕れなくなっていることの原因が沖合の漁業にあることを漁民が認識し，たとえばカンパンゴの繁殖巣の保護対策を強化するなどの判断ができるための，基本的情報が不足しているのである．

　こういった科学知は，通常は政策決定者によって新しい政策や規制として地域社会に伝えられる．マラウィ湖の場合であれば，水産局による漁業規制というかたちである．すでに見てきたように，マラウィのような後発開発途上国の，規制が強制力を発揮するための仕組みが十分でない状態では，このような政策が実効性を持つことはまれである．また，強圧的な漁業活動の規制が実行されれば，規制当局と漁民の対立が激化する危険もある．このような事態を避けるためには，カンパンゴの資源状態や湖の生態系にかかわる科学知が継続的に生産され，それが地域の実情に合ったかたちに翻訳されて地域社会に暮らす人々に直接に流入する仕組みが必要である．さまざまな研究者がカンパンゴを中心とした湖の生態系にかかわる研究を継続し，村人と研究者の交流と協働のなかで，村人によって科学知が翻訳，再解釈されて活用されていくことが重要なのである．このような地域の実情に即した実用的な科学的知識の生産と流通の仕組みについては，つぎの章でさらにくわしく見ていくことにしよう．

　地域社会で生活している人々は，つぎつぎに現れる地域の課題に対応するための意思決定に役立つ実用的な科学を必要としている．これにダイレクトに応えることが，社会のための科学のもっとも重要な役割である．それに加えて，チェンベ村のケースから明らかになってきたのは，科学知が地域の自然環境や資源にかかわる価値を可視化し，人々の誇りと愛着を強化すること

の重要性である．湖とその魚の国際的な価値に関する知見は，すでにチェンベ村の人々に浸透し，湖や魚に対する認識と価値を変容させ，誇りと愛着，さらにはオーナーシップを育んでいるものと考えられる．同じように，カンパンゴの興味深い生態や資源としての価値にかかわる知識もまた，村人のカンパンゴという魚とそれを育んできた湖の生態系に対する価値を変容させ，誇りと愛着を強化できるかもしれない．カンパンゴの資源を巧みに利用しながら維持してきた地域社会の仕組みにかかわる物語もまた，地域の人々の，自分たちの社会そのものに対する誇りや愛着につながるかもしれない．この例にとどまらず，さまざまな新しい知識が地域の人々の自然環境や地域社会に対する誇りや愛着を強化できる可能性を持っている．多様な科学知が地域社会に継続的に流入し，人々に湖とその魚に対する新しい視点や認識，価値を提供し続ける状態を，どのようにしたらつくりだすことができるだろうか．これについても，次章以降の検討課題とすることにしよう．

### （2）経済的インセンティブとリーダーシップ

　チェンベ村も，世界のあらゆる地域社会と同じように，外部の世界から隔絶された桃源郷ではない．グローバルな規模から国内や近隣地域の状況まで，多様なレベルの外部環境の変化が，村にさまざまな影響をもたらす．ぼくたちの研究が終了した翌年の2002年，マラウィは深刻な干ばつに襲われた．農業生産が大きな打撃を受け，全国で500人の死者が発生し，経済活動は大きく減退した．チェンベ村では，その影響が意外なかたちで現れた．都市部に働きに出ていた若者が，都市部の経済の悪化に追い立てられて，漁業などの働き口があり，食料も豊富なマラウィ湖沿岸の村に大挙して戻ってきたのである．マラウィ湖国立公園局の共同研究者からの報告によると，これらの若者たちは，この章で見てきたような人々と保護区との微妙なかかわりや湖の魚に対する愛着などを共有しているわけではなく，そのために漁業活動は一気にほとんど無法状態に陥ったという．半島の周辺に点在する島々は，無人島であり陸域保護区でもあって，通常は人々が立ち入って木材を切り出すような違法行為はまったく見られない．ところが，このときには，若者たちが堂々と船を出し，燻製に適した木を島で伐採して，船に満載して運ぶようすが見られたという．また，ウェスト・チュンビ島の北端，集落から見て沖

側の突端や，さらに沖にあるムンボ島には，いつの間にか燻製窯が建造されて，豊富な木材資源を使って大規模な燻製が行われていたそうである．幸いなことに，翌 2003 年には気象条件が回復し，都市部の経済状態も改善されたため，こういった若者たちは，まるで潮が引くように都市部に戻っていった．チェンベ村はまたもとのようなのどかで安定した状態に戻り，人々と保護区の微妙なかかわりも回復したという．

　2002 年の騒動は，保護区との微妙な関係に駆動された仕組みが，経済的な圧力の前にはたいへん脆弱であることを，図らずも露呈することになった．こういった地域外の環境や経済の変動は，今後も繰り返し発生するだろうし，これまでとは質の異なる脅威，たとえば大規模なリゾート開発の計画などもありうるだろう．こういった経済的な圧力があっても，それに対抗できる強靭な社会システムを構築していくことが必要である．具体的には，村人が主体的にカンパンゴ資源の過剰利用を防ぎ，適切に管理することが，村にとってもひとりひとりの村人にとっても経済的な利益をもたらすシステム，つまり資源管理の経済的インセンティブをもたらす仕組みが必要なのだろう．たとえば，カンパンゴの加工と流通を村が管理することで，品質管理を徹底し，資源管理にも配慮したブランド価値を持つカンパンゴを流通させていくような仕組みが考えられる．

　チェンベ村の保護区と村人の共存に重要な役割を果たしてきたチーフ・チェンベは，2005 年に亡くなった．これはチェンベ村にとって大きな損失だっただろう．とくに，チーフのリーダーシップのもとに構築されてきた保護区と村人の良好な関係が，チーフを失うことで変化する懸念を感じたのは，ぼくだけではなかったと思う．優れたカリスマ的リーダーの個人の資質に頼るシステムは，当然ながらリーダーを失うと崩壊する危険がある．リーダーシップの継続を保証する組織的な仕組みを整えることが重要である．マラウィの地域社会の伝統的な首長は世襲である．チェンベ村の新しいチーフは，村には居住しておらず，都市でビジネスを営んでいるらしい．しかし，チーフのリーダーシップは，村の長老からなる秘書団によってしっかりと受け継がれ，維持されているようである．

　2009 年に，ぼくはふたたびチェンベ村を訪れた．おそらく新しいチーフの個性を反映して，村には瀟洒なリゾートが増加して，電気や携帯電話，上

水道などのインフラも整備されていたが，人々の生活に大きな変化はなく，カンパンゴも相変わらずよく捕れていた．国立公園局の職員はほとんど入れ替わっていたが，相変わらず村人との関係は良好のようだった．ぼくたちが心配するまでもなく，村には伝統的なリーダーシップを支える組織的な基盤が存在し，チーフが交代してもきちんとその機能を果たしているのだろう．

### （3）訪問型研究者の限界

ぼくたちは，3年間の研究プロジェクト「マラウィ湖生態総合研究」のメンバーとして，チェンベ村の人々とマラウィ湖国立公園に深くかかわることになった．そして，このプロジェクトを通して，生態学の狭い視野を脱却して，地域が抱える課題の解決に役立つ領域融合的な科学の基礎を構築し，地域社会が直面する持続可能な漁業資源管理という課題の解決につながる知識を生産することができた．ぼく自身も，チェンベ村でその後の研究者人生を大きく左右する経験を積むことができ，そこで学んだことは計り知れないほど貴重である．しかし，地域社会が必要とする科学知を継続的に生産する仕組み，資源管理が経済的インセンティブを生み出す仕組み，そしてリーダーシップの継続を支えている地域の伝統的な仕組みについての理解は，まだまだ不十分であり，具体的な問題解決の取り組みは，始まってもいない状態であった．それでも，研究期間が終われば地域とのかかわりが薄れる，というのは，遠隔地からどこかの地域を訪問し，その地域をフィールドとして研究する訪問型研究者の宿命でもある（佐藤，2014a）．

地域社会と密接にかかわりながら，人間と自然の多様な関係にかかわる総合的，領域融合的で実際的な知識を継続的に生産し，地域社会に内在する課題解決の糸口を探すことが，ぼくが標榜する地域環境学の大きな目標である．しかし，地域と密接にかかわりながら継続的に知識を生産することは，訪問型研究者にとってはかなりむずかしい．ぼくたちは，自分たちがカンパンゴを中心とした地域社会と生態系の詳細な研究から築きあげてきた，地域社会のための研究スタイルの有効性を確認するところまでにはいたらなかった．カンパンゴの資源管理が経済的インセンティブをもたらす仕組みについても，試してみたいアイデアが残されたままだった．チェンベ村がどのように変化していくか，地域に深くかかわりながら見守りたい気持ちも強かった．しか

し，マラウィを離れ，訪問型の研究者として異なる立場で研究を進めるようになってからも，これらの課題を深く追求し続けることは，とてもできない相談だった．

チェンベ村での経験は，ぼくに訪問型研究の限界をまざまざと見せつけてくれるものだった．地域社会に科学的な知識を提供するのは，ふつうは地域社会の外の大学や研究機関からやってきて，地域の自然環境や社会をフィールドとして研究を行う訪問型研究者である．ぼくたちのチェンベ村での立場も，まさにこのようなものだった．地域で生活する人々の視点から見ると，訪問型研究者は確かに役に立つ知識を提供してくれることもあるが，その貢献には限界もある．ほかの地域に研究と生活の基盤を持つ訪問型研究者は，地域に固有の問題の構造や意思決定の仕組みを肌身にしみて理解しているわけではない．地域の人々は，長期的な定住者として地域の未来に対する責任を担っているが，訪問型研究者は，どこまで行っても外部の第三者であり，その立場から地域社会の問題にコミットすることになる．訪問型の研究者の研究期間は有限であり，研究資金が途絶えれば地域社会とのかかわりは薄れる．いわば「困ったときに現れる正義の味方」であり，いずれは去る人であって，地域に深くかかわり地域の未来に対する責任を共有するステークホルダーの一員にはなりにくい．地域環境学を実践し，成熟させていくためには，このような従来の訪問型研究のスタイルとは異なる，新しい研究者のあり方を考える必要があるのではないか．チェンベ村を離れて日本に戻ったぼくは，この思いに突き動かされて，環境問題解決への取り組みを支える科学に，まったく異なる立場からかかわっていくことになった．

# 第2章　沖縄のサンゴ礁
　　　——定住する研究者

## 2.1　環境保全の主役はだれか

### （1）環境問題にかかわる多様な主体

　東アフリカ，マラウィ湖国立公園のチェンベ村のような後発開発途上国の漁村でも，またこの章で取り上げる沖縄県石垣島白保の集落のような先進国の地域コミュニティであっても，人々はさまざまな環境問題に直面しており，その解決が地域の持続可能な未来を構築するための大きな課題となっている．そして，世界中のどこでも，地域で起こっている環境問題は，グローバルなレベルでのさまざまな課題，いわゆる地球環境問題と深く連関している．たとえば，チェンベ村の場合，マラウィ湖国立公園の設立自体が生物多様性の世界的な劣化という課題に対して，貴重な生物が生息する生態系を保護区として保全することを目的とするものだった．マラウィ湖の漁業資源の枯渇と資源管理の困難という課題は，もちろんチェンベ村だけの問題ではなく，それに対する対策はまずは国レベルでの漁業管理政策として開始されている．マラウィを含む南部アフリカで頻発する干ばつは，おそらく大気中の二酸化炭素濃度の上昇に起因する気候変動の現れであり，それが2002年には都市部からチェンベ村への若者の流入と資源管理システムの崩壊を引き起こしたと見ることができる．全世界的に起こる地球環境の変動は，これからもチェンベ村にさまざまな課題を突きつけ続けることだろう．

　地域レベルで起こっているさまざまな環境問題の解決には，このようにローカルからグローバルまでのさまざまなレベルで，多くの主体がかかわっている．グローバルなレベルでは，人間活動に起因する気温上昇などの気候変

動を緩和すると同時に，それに対するローカルな適応策を実現していく動きが，2007年のノーベル平和賞を受賞した「気候変動に関する政府間パネル（IPCC）」をはじめとするさまざまな組織機関によって推進されている（IPCC, 2014）．国連開発計画（UNDP）をはじめとするさまざまな機関は，後発開発途上国の貧困を2015年までに撲滅するための「ミレニアム開発目標」の達成のための活動を展開し，それに続いて2015年9月には，新しく「持続可能な開発目標」が策定された（Open Working Group on Sustainable Development Goals, 2014）．これ以外にも，地球規模の環境問題への対応と持続可能な社会の構築のための国際条約，たとえば生物多様性条約，砂漠化防止条約，ラムサール条約，世界遺産条約などが数多く締結されており，こういった国際的な取り組みに対応して，各国政府はそれぞれに法体制を整備し，国レベルでの対策を進め，地方自治体はそれに対応する政策をローカルレベルで展開することになる．

　もちろん，環境問題にかかわる主体は，政府，自治体などの行政機関だけではない．国際NGOやローカルなNPOなど，さまざまな民間団体が活動しているし，企業の本来事業や社会貢献活動としての環境への取り組みもさかんである．さらには，気候変動の原因となる二酸化炭素の排出抑制，魚や森林などの自然資源の持続可能な管理などの課題は，最終的には個人の生活と消費にかかわる課題であり，個々の消費者，市民の意思決定や行動が大きな影響をおよぼしている．こういった多様な主体が，地球環境問題のために一貫した行動をとることが重要であることはまちがいない．行政に任せるのでもなく，市民活動だけに頼るのでもなく，さまざまな主体が協調して地球環境問題に取り組む協働管理の考え方が欠かせないのである（Makino *et al*., 2009 ; Matsuda *et al*., 2009）．

　協働管理は確かに重要だが，実現することは容易ではない．たとえば開発途上国の貧困と自然資源の枯渇に対処するために，先進国の多国籍企業の活動を制限するような対策は，たちまち利害の対立を生む．気候変動を緩和するための国際的な協調の動きが，開発途上国と先進国の対立のなかで困難に直面していることは，周知のとおりである．多様な人々，組織機関，企業などが，それぞれの利害を超えて協働していく仕組みの構築が課題であり，そのための知識基盤を提供する科学が必要とされている（佐藤, 2014a）．

### (2) 生態系サービスの考え方

　そもそも，ぼくたちは環境問題の解決に取り組むときに，どのような「解決」を思い描いているだろうか．特定の生き物の絶滅を防ぐこと，原生的な自然を保護することが，環境問題の解決なのだろうか．環境問題についての認識が深まるようになって以来，豊かな自然環境と生物多様性を保全することが，環境問題の最終的な解決であるという考え方が，広く受け入れられているように見える．自然環境に対する人間の影響を，保護区などの隔離政策によって低減していくという発想の根本には，このような考え方がある．この発想を突き詰めると，人間の手が加わらない原生自然がもっとも価値あるものであり，人間活動の影響を最小にして手つかずの自然を残すことが，環境問題解決の究極の目標であるということになるだろう．人間のいない地球を理想のものとする考え方である．ぼくがマラウィ湖で目にしてきた開発途上国の貧困と生活の困難を考えると，人間生活と切り離され保護された自然に有無をいわさぬ価値を見出し，そのために人間活動の影響を低減するさまざまな規制を導入することは，そこに生きる人々との対立を生み出し，人々の生活をさらに困難にすることが確実に思える．そうではなくて，地域の課題の解決を通じて，人々が自然を利用し続け，その恩恵を活用して生活を向上させていくことこそ，環境問題解決の最終的な目標であるべきだ．人間の影響を最小にすることを最善の状態と考えるのではなく，自然資源を持続可能なかたちで管理し，利用していくことで，開発途上国と先進国の間の不公平を少しでも減少させ，地球という惑星に生きる多様な人々の福利を向上させることが重要なのである．

　地球上の多様な生態系は，さまざまな機能を持っている．たとえば，現在の地球の酸素や二酸化炭素などの大気成分が維持されてきたプロセスには，植物による光合成がきわめて重要な働きをしている．豊かな土壌は土のなかのさまざまな生物による落ち葉などの栄養物の分解によって形成される．このような多様な生態系機能のうち，人間がとくにその恩恵に浴しており，失われると大きな損失となるものを，「生態系サービス」という（Costanza et al., 1997）．生態系サービスは，木材や水産資源などといった人間生活に不可欠な財を提供する「供給サービス」，二酸化炭素の吸収や水質の維持など，

人間生活に直結する生態系の調節を行う「調整サービス」，文化，レジャー，観光などの基盤を提供する「文化的サービス」，およびこれらすべての基礎となる基礎生産や物質循環などの「基盤サービス」に分類されている（ミレニアム生態系評価，2007；図 2.1，図 2.2）．人類はこれらの生態系サービスをかつてないほどの規模で改変し，持続可能ではないかたちで利用してきた．2001 年から 5 カ年にわたって，世界 95 カ国から約 1360 人の専門家が参加して実施された国連の「ミレニアム生態系評価」によると，過去半世紀ほどの間に人間は大規模かつ不可逆的に生態系を改変した．評価した生態系サービス 24 種類のうち，15 種類（62.5%）が劣化したか持続可能ではないかたちで利用され，環境問題が深刻化して人間の福利に深刻な打撃を与えている．人々の生活が森林や魚などの自然資源に大きく依存する後発開発途上国では，とくにこれらの自然資源や経済発展の基盤となる観光資源を提供する生態系サービスがたいへん重要だが，その多くが劣化の一途をたどっている．貧困のなかにある人々の生活に不可欠なさまざまな生態系サービスについて，その持続可能な利用システムを構築し，地域の人々の福利を向上させていくことが，環境問題の解決への取り組みにおいて優先されるべきである（佐藤，2009a）．

　生態系サービスの管理と持続可能な利用にも，ローカルからグローバルまで，多様な主体の協働が必要であることはまちがいない．世界的に生態系サービスの著しい劣化が起こっていることが，地域に暮らす人々の生活を直撃し，人々の日常の生活が世界的な生態系サービスの劣化の原因をつくっている．また，特定の生態系サービスを利用することが，ほかの生態系サービスを劣化させるというトレードオフの関係があることもよく知られている．たとえば森林の木材資源という供給サービスを利用するために大規模な伐採を行えば，突発的な洪水の防止などの調整サービスが低下する．農業生産のために干潟を埋め立てれば，干潟が持っていた多様なサービスは失われる．ここでも，どの生態系サービスを持続可能なかたちで利用するかという選択をめぐって，さまざまな利害対立が発生する．生態系サービスを多様な主体が協働して管理するために，その基盤となる知識を提供する科学を推進することが求められている．

**図 2.1** 森林の生態系サービスの概念図．人間生活を支える生態系サービスは，「供給サービス」，「調整サービス」，「文化的サービス」に分類される（高橋一秋，原図）．

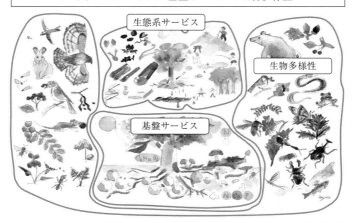

**図 2.2** すべての生態系サービスは，生態系が持つ基礎生産や物質循環などの「基盤サービス」と，生態系機能全般を支える生物多様性によって維持されている（高橋一秋，原図）．

## （3）地域に暮らす人々と科学者

　生態系サービスの概念は，ぼくにとって，自然環境を持続可能なかたちで管理しながら有効に利用して，人間の福利の向上を推進するために役立つ研究を進めるための，道標となるものであった．そして，マラウィ湖国立公園での経験は，その地域で生活し，地域の自然がもたらす生態系サービスを利用する立場にある人々の意思決定とアクションが，生態系サービスの持続可能な管理に決定的に重要であることを確信させるものだった．チェンベ村の人々は，グローバルな課題に応えるために構築された保護区制度と巧みに共存し，地域社会の意思決定システムと規範のなかに国際的な知識と制度を取り込み，活用することを通じて，独自の緩やかな資源管理の仕組みをつくりだしていたのである．地域の人々のこのようなアクションがなければ，グローバルな希少種保護の理念や国レベルの保護区制度は，マラウィ湖国立公園では有効に機能しなかったことは確実である．

　チェンベ村の地域社会の一員として，地域の環境問題の現場で生活する人々にとって，日々の生活はマラウィ湖の自然と切っても切り離せないものである．湖の魚は貴重な動物タンパク質源，現金収入源である．美しい湖が育むシクリッド類は貴重な観光資源であり，ダイビングサービスや宿泊施設などの観光産業は，村人にさまざまな雇用の機会と収入源を提供している．ぼくたちが調査をしていた 2000 年ごろ，人口 1 万人ほどの村に井戸が 5 カ所しかなく，人々は煮炊きするための水は井戸に頼るが，洗濯や洗い物，風呂などはすべて湖の水を利用していた（図 2.3）．このように日々の生活が自然環境と密着していることが，湖の自然とかかわる固有の文化，伝統，在来知の体系，資源利用のための技術を生み出してきた．チェンベ村では湖の魚の名称や生息場所，生態に関する伝統知，漁獲技術，燻製などの保存技術など，とくに湖の漁業資源にかかわる豊かな知識技術の体系が息づき，活用されている．地域の現場に住む人々は生態系サービスの直接の受益者であり，地域の自然に根差した伝統と文化を体現し，生態系サービスの劣化の影響をまっさきに受ける立場にある．

　地域の人々は，同時に生態系に対する加害者となりうる可能性も持っている．チェンベ村の例で見れば，たとえば国立公園の管理当局との対立が発生

図 2.3　マラウィ湖国立公園・チェンベ村の朝．人々の日常生活は，湖と深くかかわっている．

し，人々が保護区の理念や規則を無視して資源への圧力を増加させれば，カンパンゴを含む漁業資源や森林資源の劣化は歯止めが効かなくなるだろう．地域の人々は，自らの生活の基盤である地域の自然資源の持続性と将来に関して，重大な責任を共有していると考えることができる．このように，地域の自然がもたらす生態系サービスの直接の受益者であり，地域環境に対する大きな影響力と責任を共有する地域の人々こそ，地域環境の保全と管理の主役なのではないか．科学者や行政など，地域の外から自然環境と生態系サービスにかかわる主体は，ときに自らが地域環境の保全に大きな責任を持つかのようにふるまうことがあり，それが地域の人々との軋轢につながることがある．地域社会が直面する環境問題の解決のために，多様な主体の協働を実現するには，こういった外部のアクターが，じつは主役ではなく，地域の人々の意思決定とアクションを後方から支える，支援者としての役割を果たすことが適切なのではないだろうか（西崎，2009）．地域社会は，もちろんそれ自体，多様な人々の利害が渦巻く複雑なシステムである．地域の多様なステークホルダーが，価値や利害のちがいを超えて協働していくために，科学と科学者はステークホルダーの活動を支える裏方としての役割を果たすことができるはずである．

マラウィ湖での研究プロジェクトを終えて日本に戻ったぼくは，地域社会の在来の意思決定システムや規範を深く理解し，地域の在来知の体系を科学がもたらす新しい知識と融合させて活用していくことで，地域に暮らす人々自身が主導する実効性ある持続可能な資源管理の仕組みを構築することができると確信していた．この確信を胸に，ぼくは主役である地域のステークホルダーの意思決定とアクションを後方支援するための科学のあり方を探っていくことを決意した．そして，マラウィ湖で実現できなかったさまざまなアイデアや発想を具体化できる場面を探し求め，たどりついたのが国際的な自然保護団体「WWFジャパン」の自然保護室長という仕事だった．地域の生態系サービスの持続可能な管理にかかわる多様な知識技術を地域社会に提供できる専門家として，地域の人々が主体となった自然保護と生態系サービスの持続可能な利用，それを通じた持続可能な社会の構築と人間の福利の向上のための活動をサポートする科学のあり方を，実践を通じて探求することを選んだのである．

## 2.2 石垣島白保のサンゴ礁

### （1）白保のサンゴ礁と人々

沖縄県石垣島の東海岸に，白保の集落がある．人口およそ 1600 人，700 世帯ほどからなる小さな集落で，南北 12 km ほどの範囲にまたがる豊かな農地を持っている（図 2.4）．白保の海岸から沖に向かって 1 km ほどの間には，すばらしいサンゴ礁が広がっている．白保のサンゴ礁は，造礁サンゴ類が海岸から沖に向かって増殖していった後にできた水深 2-3 m の浅い海域（礁池という）からなり，もっとも沖側の非常に浅い部分は礁原と呼ばれ，天然の防波堤として機能している（図 2.5）．白保の礁池には，北半球最大最古といわれる貴重なアオサンゴ群落をはじめとして，120 種以上のサンゴと 300 種以上の魚類が生息する豊かな生態系が育まれており，2005 年には国立公園海中公園地区に指定されている（上村，2011）．

白保の集落は，石垣島でもっとも古い歴史を持つ集落のひとつであり，さまざまな神事や伝統芸能が受け継がれている．そのなかにはサンゴ礁と深く

**図 2.4** 白保地区は石垣島東海岸に位置し，豊かなサンゴ礁に恵まれている．

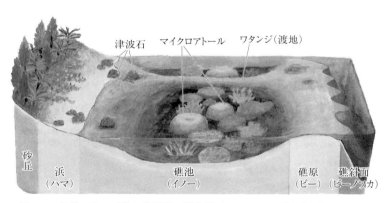

**図 2.5** 白保のサンゴ礁の横断面の模式図（WWFサンゴ礁保護研究センター，原図）．

かかわるものも多い．白保には豊かな農地が広がり，人々は古くから農業・畜産業をなりわいとしてきた．現在でもサトウキビや和牛の生産が，地域のおもな産業である．集落の碁盤の目のような道筋には，古くから残るサンゴを積んだ石垣や，フクギの並木，昔ながらの赤瓦の屋根などを見ることができる．豊かな生物多様性を育む白保の礁池は，地域の人々が古くから日常生

活のなかで利用してきた貴重な資源でもある．礁池のなかのもっとも浅い部分は，干潮時には干上がり，人々が歩いて渡ることができる．これを渡地（ワタンジ）という（図2.5）．船を持たない農民も，干潮時にはワタンジを渡って礁池の沖側の礁原（ピーという）まで行き，さまざまな水産物を採集することができる．白保には漁業を生業とする専業漁業者もいるが，ワタンジという地形があるおかげで，船を持たない農業者でもサンゴ礁の資源を利用することができた．かつては干潮になると農作業の手を休め，ワタンジを歩いてイカやタコ，貝や魚を捕らえ，毎日のおかずとしていたという．サンゴ礁は人々が日常的に漁業活動を行う生活と生産の場であり，漁業者だけでなく多様なステークホルダーが共有する資源でもあった（上村，2012）．

　白保の人々の間には，サンゴ礁にまつわる在来知，文化，資源利用の技術が受け継がれている．白保サンゴ礁のなかの大きな岩や少し深くなった砂底のくぼ地などには，それぞれ地名がつけられている．砂底のくぼ地はクムイと呼ばれ，引き潮の際に削られてできたピーの深い谷はクチと呼ばれる．1771年に起こった八重山地震によって発生した明和の大津波が打ち上げた岩は，津波石と名づけられている．造礁サンゴ類は貴重な建築資材でもあった．石垣だけでなく，家々の上がり框にはサンゴの石段が使われ，八重山によく見られる長く伸びた軒先の柱を支えるのもサンゴである．かつては屋根の赤瓦を固定する漆喰にも砕いたサンゴを用いていたという．また，白保のサンゴ礁は集落の人々によって「魚湧く海」，「いのちつぎの海」と呼ばれてきた．とくに第2次世界大戦の後の苦しい時期に，豊かなサンゴ礁は人々の生活の根本を支えた．たとえば，白保のサンゴ礁の岸辺に生えるアーサ（ヒトエグサ）は，冬の風物詩でありとくに柔らかくおいしいとされている．戦後の苦しい時期に「アーサのおかげで3人の子どもを育てた」といった記憶は，今でも人々のなかに根強く残っている．白保のサンゴ礁は，集落の人々にとって，その豊かさに対する誇りと強い愛着の源泉なのである（家中，2014）．

（2）サンゴ礁の危機と課題

　サンゴ礁は海の熱帯雨林と呼ばれるほど豊かな生物多様性を誇り，世界各地の沿岸社会に豊かな生態系サービスを提供している．しかしサンゴ礁は世界的に急速な劣化が進んでおり，すでに全体の27%が完全に消滅し，この

ままでいけば今後 30 年間でさらに 30% が失われる危険があるとされている（Wilkinson, 2000）．もちろん，白保のサンゴ礁も例外ではない．

　サンゴ礁の衰退の原因は多様であり，複合的である．サンゴ礁は造礁サンゴ類という生物がつくる石灰岩の骨格によって，長い時間をかけて形成される地形である．造礁サンゴ類は体内に単細胞の藻類（褐虫藻という）を共生させており，褐虫藻が光合成によって生産する栄養に頼って生きている．気候変動などによって起こる沿岸の水温上昇は，この造礁サンゴ類の生育に壊滅的な影響を与える．ある程度以上の高水温が続くと，共生している褐虫藻が体外に出てしまい，その状況が長く続くとサンゴは死滅する．褐虫藻が体外に出ると，サンゴは漂白されたようにまっしろになる．この状態を白化という．最近では白保サンゴ礁で 1998 年と 2007 年に大規模な白化が起こり，2007 年の白化の際には高水温に弱い一部の種では 50% 近くが死亡したと推定されている．陸域からの汚染物質の流入も，サンゴ礁に大きなダメージを与える．沖縄本島や八重山諸島ではとくに，農地などから流入する赤土が大きな問題である．赤土は浸食されやすく，雨が降ると流れ出し，川を通じてサンゴ礁に流れ込む．その濁りによって造礁サンゴ類に共生する褐虫藻の光合成が阻害される．長期的にはサンゴ礁を少しずつ埋めていくことにもなる．このほかにも，造礁サンゴ類の捕食者であるオニヒトデや巻貝の一種であるレイシガイダマシなどの大発生，漁獲による藻類食魚類の減少によって起こる藻類の繁茂，スノーケリング観光などによる過剰利用，台風などの自然現象など，きわめて多様な要因がサンゴ礁の衰退にかかわっており，その大半は人間活動に由来するものである．また，これらの要因は相互に複雑に関連しあっており，しかも地域ごとに固有の問題の構造があることはまちがいない．ある特定の地域，たとえば白保のサンゴ礁で，どの要因がとくに大きな影響を与えているかを特定することは簡単ではない．さらに，それぞれの地域で影響の大きい要因の組み合わせは異なっている．ここでも，地域に固有の問題構造に対応できる，地域に密着した課題駆動型で問題解決指向の科学が必要とされている．

　白保サンゴ礁の衰退と並行して起こってきたのが，サンゴ礁にかかわる地域の文化の消失である．白保では各家庭が多様なかたちでサンゴ礁の資源を活用し，海の資源を利用することを通じてサンゴ礁と深くかかわりあった生

活をしてきた．また，海や山の資源利用を制限する風習として，海留（インドミ），山留（ヤマドミ）と呼ばれる仕組みを持ち，資源の枯渇を防いできたといわれている（上村，2010）．ライフスタイルの変化とともに，サンゴ礁で食材や生活の糧を得る必要はどんどん少なくなり，このような人々とサンゴ礁とのかかわりは薄れていった．世代交代の流れのなかで，高齢者世代が培ってきたサンゴ礁の資源利用にかかわる在来知や伝統的な技術は急速に失われてきた（野池，1990）．なによりも，サンゴ礁とのかかわりが薄れることによって，人々のサンゴ礁に対する関心と愛着が失われていくことが大きな問題である．たとえば，農業活動に起因する赤土の流入を軽減しようとする取り組みは，人々のサンゴ礁に対する関心や愛着に支えられて初めて実効性を持つことができるだろう．サンゴ礁の衰退は，さまざまな生態系サービスの消失を意味し，そのなかには今日でも重要な資源が含まれる．たとえば白保の重要な産業のひとつであるスノーケリング観光は，美しいサンゴ礁が持つ文化的サービスに依存している．サンゴ礁が育む多様な漁業資源は，漁業をなりわいとする海人（ウミンチュ）の生活の糧である．白保地域の持続可能な開発のために，サンゴ礁は今後もきわめて重要な資源であり続けると考えるのが妥当である．

### （3）新石垣空港建設計画と白保

　白保のサンゴ礁と人々のかかわりに大きな影響を与えたのが，1979年に沖縄県によって発表された新石垣空港の建設計画であった．遠浅のサンゴ礁は，埋め立てて滑走路をつくるには最適の環境である．一方で，石垣島には市街地にある滑走路の短い空港（旧石垣空港）しかなく，大型のジェット機が発着できる新空港の建設が必要とされていた．そこで白羽の矢が立ったのが，市街地に近く交通の便もよい白保のサンゴ礁だった．この選択は，高度経済成長の名残を引きずった時代の発想としては，ごく自然なものだったようにも見える．石垣島の周辺はサンゴ礁に囲まれており，白保のサンゴ礁が特別だと考える人は少なかっただろう．こうして，どこにでもあるサンゴ礁のうちのほんの一部である白保のサンゴ礁を埋め立てて，島が切実に必要とする空港をつくる，という選択がなされた．

　おそらく予想外だったのは，この計画に対して白保の人々の多くが強く反

対したことだった．「魚湧く海」，「いのちつぎの海」として生活を通して海に深くかかわり，強い愛着を持っていた人々にとって，自分たちの海が失われ，生活が激変することは，許容できるものではなかったのだろう．この動きは，当初は一種の地域エゴとして受け止められたようである．石垣市，沖縄県の多様なステークホルダーが新空港建設に賛意を示すなか，白保の人々は孤立無援であったという．1982年には運輸省による建設認可が下り，1984年には石垣市議会が全会一致で空港の早期着工を求める決議を採択し，これに対する反対運動と訴訟が激化するなかで，対立は深まっていった（家中，2014）．しかし，白保の人々の空港建設反対運動が世界各地の自然保護団体や研究者の注目を集め，反対運動への支援が広まるなかで，白保のサンゴ礁に関する新しい科学知が大量に生み出されることになった．代表的なのは，1987年に国際自然保護連合（IUCN）によって行われた調査によって，北半球最大最古といわれるアオサンゴの群落が発見されたことだろう（Planck *et al.*, 1988；図2.6）．こうして，白保サンゴ礁の国際的な価値が新たな論点となって，新空港建設の是非にかかわる議論が白熱していくことになった．沖縄県は1989年に白保サンゴ礁の埋め立てによる空港建設を断念し，これによって白保のサンゴ礁は埋め立ての危機を脱することになった．ところが，この後も代替えとなる建設予定地をめぐって対立が続き，候補地

**図 2.6** 北半球最大最古といわれる白保のアオサンゴ群落.

が二転三転することになった．最終的に2000年に白保集落の北側の陸上が，2000 mの滑走路を持つ新空港建設地に決定され，2006年に着工，2013年3月に新石垣空港が開港した．

　計画以来30年以上にわたって，白保の人々は新空港の建設にまつわるさまざまな対立のなかで翻弄されてきた．集落の内部が空港建設の是非をめぐって二分し，鋭く対立したことが，白保の人々の心に深い傷となって残っている．サンゴ礁埋め立ての計画が撤回された後でも，白保北部の陸上に空港を受け入れるかどうかをめぐって対立が続き，白保集落が空港建設受け入れを決めた後になってすら，環境問題にかかわる闘争のシンボルとなった白保をめぐって論争が続いてきた．また，新石垣空港が運用を開始した後にも，観光客や移住者の増加，観光施設の開発などを通じて，白保集落には大きな変化の波が押し寄せている．過去の対立の傷と将来の環境の変化のなかで，白保集落が豊かなサンゴ礁と共存した持続可能なコミュニティを構築できるかどうか，大きな課題が残されている．

### （4）主役としての白保の人々

　長い歴史を通じて白保サンゴ礁と深くかかわり，これからもかかわり続けてサンゴ礁の生態系サービスを保全・活用していく主役は，いうまでもなく白保の人々である．小さな集落ではあるが，そこにはさまざまな利害と人間関係が渦巻き，多様なステークホルダーの複雑な相互作用を通じて，地域の未来が選択され，かたちづくられていく．白保の人々は，新空港建設にまつわる地域内外の多様な主体の対立のなかで，30年以上にわたって翻弄されてきた．おそらくその結果，地域の人々の多くは，環境問題，とくにサンゴ礁の問題に関して強い関心と高い意識を持っているように見える．サンゴ礁の埋め立てを拒否し生態系を保全した立役者は，明らかに白保の人々である．このことが，自分たちが環境問題に積極的にかかわり重要な役割を果たしてきたという自負を生んでいるようにも見える．

　空港問題をめぐる対立の歴史は，白保の人々のなかに，集落内を二分するような対立を避けようという強い意志を醸成してきたようだ．集落のさまざまな意思決定の際に，かつてのような対立は二度と繰り返さないという強い思いが働き，集落としてのまとまりを最優先する傾向が生まれている．空港

問題をめぐる対立は，親兄弟，親戚の仲を裂く事態にまでおよび，その辛さは外部者には想像もつかないものであっただろう．このような事態を繰り返したくないという気持ちは，もっともなことである．白保集落が集落北部での空港建設を，紆余曲折を経て受け入れた後，サンゴ礁の保護に取り組むことは空港建設に反対すること，という図式のなかで，人々が集落内の対立回避を最優先し，サンゴ礁が直面する課題に対して積極的にかかわることを避ける傾向が生まれてきた，という見方もできるかもしれない（上村，2012）．

　新空港建設に対する反対運動のなかで，白保には外来の科学者，専門家，環境保護団体などが数多く訪れ，サンゴ礁にまつわる研究を展開していった．ぼくが2001年から所属したWWFジャパンもそのひとつである．こういった科学者は，白保サンゴ礁の世界的な価値について，地域にはなかった知識を提供してきた．貴重なアオサンゴ群落の発見，生物多様性の豊かさと多様な生態系サービスに関する知識は，これらの科学者を通じて急速に白保の人々の間に浸透し，人々の持つ在来知の体系の一部となっていった．おそらく，現在の白保の人々の大多数が，アオサンゴの世界的価値についてひとこと語ることができるだろう．ちょうどマラウィ湖岸のチェンベ村の人々が湖の魚の国際的価値についての知識を受け入れ，消化し，活用しているのと同じことが起こっているのである．こうした科学知は，白保の人々のサンゴ礁への誇りと愛着を強化する役割を果たしている．

　日本各地の地域社会に共通することでもあるが，白保の人々は豊かな暮らしやすい地域をつくることに強い関心と意欲を持っている．石垣島には大学がないため，高校卒業後に島を出る若者が多い．白保の人々は若者が戻ってきて墓を守ってくれることができるよう，住みやすく豊かな地域をつくりたいという願いを共通に持っているようである．また，豊かで持続可能な地域づくりのために，サンゴ礁の生態系サービスを活用していくことが効果的であるという認識もある．しかし，白保のサンゴ礁の状態は昔に比べて明らかに悪化しており，人々とサンゴ礁のかかわりはライフスタイルの変化のなかで急速に薄れ，サンゴ礁にまつわる在来知や伝統文化，技術が忘れ去られつつあることへの危機感も共有されている．人間と自然のかかわりが，経済のグローバル化のなかで薄れ，生態系サービスの持続可能な活用に役立つかもしれない在来の知識技術が失われていくなかで，白保に固有の貴重な地域資

源である豊かなサンゴ礁を活かした，地域社会の持続可能な開発の道筋をどのように描くことができるだろうか．その際に外からやってきた科学者・専門家は，どのようにして地域の人々の持続可能な地域づくりのための意思決定とアクションを，知識生産を通じてサポートできるだろうか．

## 2.3 レジデント型研究

### （1）WWF サンゴ礁保護研究センター

　国際的な自然保護団体である WWF（世界自然保護基金）は，世界各地で多様な分野にまたがる自然保護活動を展開しており，ぼくが 2001 年から勤務した WWF ジャパンは，その日本における事務局である．ぼくはその自然保護室長を務めることを通じて，魚類生態学者としての狭い専門性の殻を破り，じつに多様な環境問題の現場に接して多くのことを学ぶことになった．そのなかで，マラウィ湖国立公園のチェンベ村で培ったさまざまな経験と，地域の人々が主役となった地球環境問題の解決のための仕組みに関するたくさんのアイデアを，日本で実現できる可能性として注目したのが，白保のサンゴ礁だった．WWF ジャパンは自然保護団体として白保サンゴ礁に深くかかわっており，2000 年 4 月には全国の多くの人々からの寄付をもとに，白保集落の一角に WWF サンゴ礁保護研究センター（以下，サンゴセンターと呼ぶ）を設立し，活動を開始していた．ぼくは自然保護室長として，このセンターの所長も兼務することになった（図 2.7）．これが現在まで続く，ぼくと白保のかかわりの始まりである．

　白保には国際的な価値を持つ豊かなサンゴ礁があり，サンゴ礁と深くかかわる地域の人々のいとなみがあり，サンゴ礁にまつわるさまざまな課題があった．外から降りかかってきた新空港建設というとてつもない困難に直面し，立ち向かい，外来の科学知をうまく取り込みながら奮闘を続けている人々がいた．サンゴセンターを通じて，ひとりの科学者としてのぼくが，地域の人々によるサンゴ礁の持続可能な活用と地域の持続可能な開発のための活動に，どのように貢献していけばよいのか．マラウィ湖で学んだことのなかに，その答えがあるように思えた．

図 2.7　石垣島白保のレジデント型研究機関，WWF サンゴ礁保護研究センター．

　WWF ジャパンには，空港建設に強く反対してきた歴史があり，当然ながら地域の人々の目から見れば，サンゴ礁の保護を推進するサンゴセンターは，空港反対の牙城に見えただろう．ぼくが初めて白保を訪問したときは，サンゴセンターは地域の人から見れば，おそらくはせっかく合意できた白保北部の陸上での新空港建設にまで異を唱えるうさんくさい団体の施設にほかならず，訪れる人も限られていた．そのようななかで，ぼくはサンゴセンターの仲間たちとともに，地域の人々に受け入れられ，活用される研究と活動の設計を進めた．最初に考える必要があったのは，地域の課題の解決に役立つ研究の設計である．科学者，あるいは自然保護団体にとって意義のある研究を追求するのではなく，地域の課題解決につながる，地域の人々の意思決定とアクションに役立つ知識を生産する課題駆動型で問題解決指向の研究を，マラウィでの経験を活かして設計していくことにしたのである．
　サンゴセンターは地域社会のなかにある研究施設として，長期的な視野に立って研究を進めることができる．地域の人々が地域の未来のあり方を考え，決断し，実行していくために役立つ知識として，最初に思いついたのが，サンゴ礁の環境の現状と変化を地域のステークホルダーが逐一知ることに役立つ知識を生産することだった．生態学者の言語でいえば，サンゴ礁環境の詳

細なモニタリングを長期にわたって継続し，その成果をステークホルダーと共有していく仕組みをつくることである．サンゴセンターは設立当初から，地域のボランティアの方々と協働して，サンゴ礁に堆積している赤土の量を広域的に計測するモニタリング調査を行っていた（安村ら，2004）．これを継続すると同時に，海底のどれくらいの割合を生きているサンゴが占めているか（被度という），どのような魚やそのほかの生物がいるか，などの詳細な環境情報を継続的にモニターする研究を設計した．

同時に，サンゴ礁にかかわる地域の文化や知識技術を記録し，若い世代に継承していくための知識基盤として，詳細な聞き取り調査を開始した．白保の高齢者からサンゴ礁にかかわる知識技術，愛着，思いなどを聞き取り記録して，それをサンゴセンター内での展示としてまとめ，若い世代に共有してもらうことをもくろんだのである．この2つの研究テーマを選んだということは，地域が直面するサンゴ礁とそれにかかわる地域文化の消失という課題の解決に役立つ研究に集中するということであり，その当然の結果として，研究対象が白保のサンゴ礁と集落に限定されることになった．まずこの点が，科学的な新規性や価値を求めて，地域を超えた多様な研究対象を選択するという，一般的な科学研究の設計とは大きく異なっていた．

こういった研究の設計は，地域外からやってきた研究者が，「きっと地域の人々の意思決定や活動に役に立つにちがいない」という仮定のもとで構築したものである．じつのところ，ほんとうに役立ち，使ってもらえるかはわからないことが，当初はとても気になっていた．ところが実際には，こういった研究を進めることは，明らかに研究者が地域から学習するプロセスだった．サンゴ礁環境の最近の変化は，当然ながら漁業者のほうが突然やってきた研究者よりも直感的によく把握している．漁業者，スノーケリング観光業者などとの交流から，ぼくたちは非常に多くのアイデアや示唆を得ることができた．高齢者に対する聞き取り調査は，またしても目からうろこの連続だった．サンゴ礁の資源を活用するための知恵や技術は驚くほど多様であり，しかもきわめて個人的な工夫を随所に見ることができた．その多様性に驚嘆しながら，ぼくたちは多くの人々が共通に持つサンゴ礁にかかわる関心や，将来のサンゴ礁とのかかわりのあり方に対する思いを抽出することもできた．それが，新しい研究のアイデアや活動計画につながり，サンゴセンターの研

究と活動の戦略が大きく進化していったのである．こうして，科学研究を通じた地域の多様なステークホルダーとの密な相互作用を通じて，地域のためにほんとうに役立つ領域融合的な研究の改良と応用が進行していった．地域のステークホルダーとの密接な協働を通じて研究をデザインしていくプロセスが動いて，サンゴセンターのトランスディシプリナリー・アプローチが大きく進化していったのである．

### （2）レジデント型研究と地域環境学

このようなWWFサンゴ礁保護研究センターの研究スタイルを，ぼくは「レジデント型研究」と呼ぶことにした（佐藤，2009b）．遠隔地の大都市の大学などに研究の基盤を置き，地域社会をフィールドとして研究するという一般的な研究スタイルが，「訪問型研究」である．それに対して，特定の地域社会に拠点を置き，そこに定住して地域社会の一員として研究を行う研究者を擁する大学・研究所などを「レジデント型研究機関」とよび，専門家であると同時に地域社会の一員でもある研究者を「レジデント型研究者」という．レジデント型研究のもうひとつの大きな特徴は，研究の目標を科学的な価値の探求ではなく，地域社会が直面する課題の解決に直結した知識の生産に設定し，この目標を明瞭に意識することである．ぼくがこのような整理をしたのはずっと後になってからのことだが，白保のサンゴセンターが追求してきたのは，まさにこのようなレジデント型研究であった．

レジデント型研究は，地域社会のステークホルダーこそが，地域が直面する環境問題の解決の主役であることを明瞭に意識することを出発点とする．科学者が生産する知識を自分自身の生活，さらには地域のために活用する立場にある人々を，知識ユーザーと呼ぶことにしよう．地域の課題にかかわるステークホルダーは，当然みんな知識ユーザーである．レジデント型研究者は，自ら主役に躍り出るのではなく，知識ユーザーによる知識の活用を通じた環境問題の解決をサポートする立場をとる．「社会のための科学」を実践し，知識ユーザーによる活用を意識した課題駆動型の知識生産を行うのである．また，知識ユーザーが主役となった問題解決に役立つ知識生産のためには，科学者が自分の専門分野に閉じこもっているわけにはいかない．必然的に，地域が直面する課題にかかわる多様な研究領域にまたがる，領域融合的

## 2.3 レジデント型研究

な研究を行わざるをえない．個別の専門性を脱却して，「ひとり学際研究」に突入することになるのである．知識ユーザーを意識し，地域の課題に直結した領域融合的な研究を，地域社会の多様なステークホルダーと協働して実践することは，研究者に貴重な学習機会を与えてくれる．研究者は地域と深くかかわって研究する機会を持つごとに，多くのことを地域から学び，同時に地域にも多くの知識を提供できる．このようなトランスディシプリナリー・アプローチと相互学習を通じて，地域が直面する環境問題の解決に役立つ領域融合的な研究が成熟していく．レジデント型研究者に特徴的な立ち位置から，地域環境にかかわる課題駆動型で問題解決指向の研究を推進する新しい科学，あるいは知識生産が，「地域環境学」である．

レジデント型研究者は，もちろんひとりの専門家として，地域環境に関する科学的な知識を地域に提供する役割を担う．また，地域内外の多様な研究領域の専門家とのネットワークを持っているので，地域が直面する課題の複雑性に対応して，必要とされる多彩な分野の研究者・専門家を地域外から呼び込むための，研究者ネットワークのハブとしても機能することができる．地域社会のステークホルダーが中心になって科学的調査を行う市民調査がさかんになりつつあるが，これに関しても科学的な手法やアイデアを提供し，中心的な役割を果たすことができる．

こういった科学者・専門家としての側面に加えて，レジデント型研究者は，地域の市民，ステークホルダーとしての顔も持つ．この側面から見ると，レジデント型研究者はステークホルダーの一員として，自らが生産する，あるいはほかの研究者が生産した研究成果を，地域に固有の問題構造にあてはまるように再解釈・再構築し，このようにしてもたらされる科学知を，ほかのステークホルダーと協働して活用する知識ユーザーでもある．ひとりの生活者として地域の生態系サービスの恩恵を享受し，地域の自然環境に対する誇りや愛着を共有することもできる．地域社会のメンバー・市民としての側面では，地域の未来にかかわる多様な意思決定とアクションにも，当然ながら関与し，貢献していくことができる．こうした多面的な顔を持つことがレジデント型研究者の重要な特徴であり，レジデント型研究を推進することを通じて地域社会が直面する環境問題の解決に直結する地域環境学を実践することを容易にしていると考えることができる（佐藤，2009b）．

## （3）白保サンゴ礁の地域環境学

　WWFサンゴ礁保護研究センターは，たった2名の研究者（サンゴ礁生態学・地域振興）と2名のサポートスタッフからなる小さなレジデント型研究機関だったが，このような設計にもとづいて地域環境学を推進した結果，多彩な研究成果を生み出し，白保の人々の間で信頼を得ていくことに成功した．そして，設立後10年ちょっとの間に，これらの研究成果が新たな研究の展開を生み，さまざまな地域活動につながって，地域のステークホルダーが主役となった持続可能な地域づくりの活動を支えるようになった．マラウィ湖国立公園のチェンベ村が必要としていたのは，まさにこのようなレジデント型研究機関・研究者だったのである．

　10年以上にわたる赤土堆積量と詳細なサンゴ礁環境のモニタリングは，白保の人々によるサンゴ礁保全と持続可能な活用のための活動を支える重要な知識基盤を構築してきた（安村ら，2004）．たとえば赤土堆積量は過去10年の間，気候条件の変化による一時的な減少は見られたものの，大きく改善されているようすはない．農地からの赤土流出を防ぐために石垣市などが実施している対策が十分に効果をあげていないことは確実である．農家自らが実施しやすい，効果的な対策の工夫が必要であることが明らかになり，そのためのさまざまな活動が始まっている．たとえばサンゴセンターが中心となって協力農家とボランティアを募り，地域の小学校などとも協働して，サトウキビ畑の周縁部に，ゲットウ（月桃）などの植物をグリーンベルトとして植えつける活動が行われている（図2.8）．土を保持する力が強く，食材としての価値もあるゲットウを活用することで，農家にとってもインセンティブが高い赤土流出防止対策を進めようと試みているのである．

　サンゴ礁環境のモニタリング調査は，とくに造礁サンゴ類の生息状況が良好で，観光資源としても利用価値がある海域を中心に継続されてきた．赤土の影響，造礁サンゴ類の被度などが異なる4地点を選んで，50mの測線を引き，年2回，それに沿ってサンゴの被度や出現する魚類を観測する測線調査と，1m四方の方形観察区を20カ所設け，ほとんど毎月のように写真撮影を行って造礁サンゴの変化を追跡する調査を組み合わせた，レジデント型研究機関でなくてはなしえない研究である．その結果，生きた造礁サンゴの

**図 2.8** 農地からの赤土流出を防ぐためのグリーンベルト．ゲットウやイトバショウなど，土砂を保持することができ，農家にとってもインセンティブがある植物を農地の周囲にベルト状に植栽する．

被度が大きく低下している，つまりサンゴが激減している事実が明らかになり，ぼくたちは大きな衝撃を受けた．不思議なことに，とくに赤土の直接的な影響を受けにくい沖側の礁原近くで，枝状のサンゴだけが激減し，塊状のサンゴはほとんど影響を受けていないこともわかった．方形観察区の写真をくわしく分析した結果，なんとおもな原因は台風による波浪であり，病気や観光客による接触も影響を与えていることがわかった．赤土は確かに河口近くの浅い海域では大きな被害をもたらしているが，測線を設定した場所のような，沖合のサンゴの生育状況が良好な場所では，サンゴの被度に直接的な影響はないようだった．最近は大型台風の直撃が多いが，台風は昔から白保を襲っており，これが最近の急速なサンゴの減少の直接の原因とは考えにくい．ということは，おそらく，ダメージを受けた後のサンゴの回復が思わしくないのではないか．たとえばサンゴの幼生の供給が不安定であるとか，赤土の流入が定着直後の稚サンゴに悪影響を与えている，などのさまざまな可能性が考えられる．これまで継続してきたモニタリングの成果をもとに，サンゴの回復過程を阻害する要因について研究が進められている（図 2.9）．

　地域の人々とサンゴ礁との深いかかわりに関する聞き取り調査は，白保サ

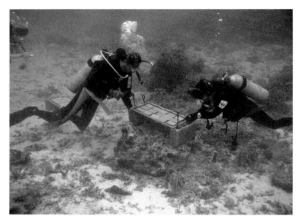

**図 2.9** サンゴ礁のダメージからの回復を阻害する要因を調べるために，サンゴ幼生の着底調査を準備しているようす．左は著者（撮影：前川聡）．

ンゴ礁にかかわる多様な伝統文化，在来知，資源利用の技術の記録を蓄積してきた．また，このプロセスは，後にくわしく述べるように，サンゴセンターの研究者と地域のステークホルダーのかかわりを深め，信頼を醸成していく絶好の機会となった．このようにして信頼関係が深まり交流が増えたことが，サンゴセンターのレジデント型研究者，ひとりの市民，ステークホルダーとしての多面的な活動を活性化していくことになった．

　地域のステークホルダーとレジデント型研究者の相互作用は，新しい問題解決指向の研究のアイデアを生み出し，その実現をうながすための地域外の多様な領域を専門とする研究者とのネットワーク構築につながっている．たとえば，スノーケリング観光がサンゴ礁に少なからぬダメージを与えている可能性があることが，サンゴ礁環境のモニタリングから明らかになってきた．これについて定量的なデータを得るためには，観光業者との信頼関係にもとづいた研究協力体制が不可欠である．サンゴセンターのレジデント型研究者は，さまざまな機会に観光業者と交流を持ち，信頼関係を構築してきた．それを基盤として，サンゴセンターは，レジャー産業がもたらすサンゴ礁への環境負荷に関する研究実績がある地域外の研究者と協働して，スノーケリン

グ観光のサンゴ礁へのダメージについての基礎調査を企画した．スノーケリング観光の最盛期である夏を中心に，スノーケリング客を乗せた観光船に研究者もなにげない顔をして乗り込み，観光客といっしょに海に入ってひたすら観光客によるサンゴへの接触を観察し，記録するという研究である．また，スノーケリング観光に人気の高いアオサンゴ群落などについて定期的なモニタリングを行い，スノーケリングによるダメージを分析した．これは，白保の地元の観光業者との協力と，外来の研究者の独創的なアイデアがなければ実現できない研究だった．その結果，かなりの頻度でサンゴの枝折れなどが起こっていること，簡単な装備の工夫でサンゴに接触する危険を少なくすることができることなどがわかってきた．こういった知識はこれまで白保にはなかったものであり，これをスノーケリング業者が有効に活用できれば，サンゴ礁の持続可能な観光利用の実現に貢献できるだろう．

　地域に定住するレジデント型研究者は，地域環境の異変にもいち早く気づくことができる．白保サンゴ礁は，2007年に大規模な白化に見舞われた．この白化現象をただちに発見し，警鐘を鳴らしたのは，サンゴセンターのレジデント型研究者だった．彼らはその後のサンゴ礁の回復過程も詳細に観察している．白保に定住し，日常的に海に潜ってサンゴ礁のようすを観察しているレジデント型研究者は，このように地域のステークホルダーのための警報装置の役割も果たすことができる．

　このようなレジデント型研究者による領域融合的な問題解決指向の総合研究は，「白保のために研究している」という点だけでも，地域のステークホルダーの信頼を獲得することにつながる．そして，信頼関係にもとづく相互の交流は，研究の側面だけでなく，レジデント型研究者の，ひとりのステークホルダーとしての地域社会内部での立ち位置と役割をダイナミックに変容させ，持続可能な地域づくりに向けたさまざまな活動を動かしていく．次節ではレジデント型研究者のステークホルダーとしての側面に目を向けていこう．

## 2.4 地域の将来像を描く

### （1）白保今昔展

　白保に定住するレジデント型研究者として，WWFサンゴ礁保護研究センターの研究者は地域のステークホルダーとの濃密な相互作用を通じて，さまざまな利害が渦巻くステークホルダーのネットワークのなかで信頼を獲得し，多様な役割を担うことになった．そのきっかけとなったのが，集落内での聞き取り調査と，その成果にもとづいた「白保今昔展」の開催だった．サンゴ礁の多様な資源を活用し，豊かな海と深くかかわる生活を送ってきた白保の人々は，サンゴ礁の生態系サービスを活用するためのさまざまな知恵や技術を培ってきた．そして，このような在来の知識技術は，近代化の流れのなかで急速に失われつつある．白保の高齢者や海人（ウミンチュ）をおもな対象として，サンゴ礁にかかわる在来の知識技術を聞き取り，記録し，若い世代に伝えていくことによって，人々のサンゴ礁とのつながりを再生し，豊かな海に対する誇りと愛着を強化することができるだろう．これを通じて，地域の人々が主導するサンゴ礁生態系の管理と持続可能な地域づくりを推進する基盤を構築することができるはずである．

　このような発想から，サンゴセンターの研究者は2002年8月から集落や海辺で古い写真や道具などを素材として詳細な聞き取り調査を開始した．聞き取り対象はのべ70名に達し，2004年4月には研究所内の展示スペースを利用して，その成果を「白保今昔展」として結実させた（図2.10）．聞き取り調査はその後も継続され，新しい展示につながっていった．この聞き取り調査を通じて，聞き取り対象となった高齢者や海人のなかに，自分たちにとってはあたりまえのことであった伝統的資源利用について，よそ者であるサンゴセンターの研究者の視点を介した新しい価値づけがもたらされていった．日常的なサンゴ礁とのかかわりが生み出した文化が，じつは地域外の目から見るとさまざまな魅力を持っているという発見は，サンゴ礁にかかわる伝統的な生活様式と文化に対する人々の誇りと愛着を強化するものだっただろう．聞き取り対象者のひとりであるサンゴセンターの近隣に住む老人は，聞き取りをきっかけとして，長らくしまいこんできた手づくりの手網（シーアンと

**図 2.10** 白保今昔展で復元された伝統的な漁船「サバニ」.

呼ぶ）を物置の奥から掘り出して，それを使用した漁を見せてくれた．子どもたちが浅瀬で小さな網を使って岩陰に隠れた小魚をとるシンプルな漁で，生業というよりはおかず採りの遊びに近い漁であり，聞き取り調査がなかったらあらためて思い出されることもなかったかもしれないものである．漁の再現のようすは映像としても記録され，生活様式の変化とともに失われてきたサンゴ礁とのかかわりを，なつかしい思いとともに人々の記憶に残すことができた．

　白保今昔展は，伝統的なサンゴ礁の生態系サービスの利用に関する人々の記憶を再整理し，世代を超えて継承していくための貴重な素材を提供することになった．展示に登場する高齢者から，子どもたちが展示を前に話を聞くイベントや，海人が指導する漁体験など，さまざまな機会が提供されて，人々のサンゴ礁への関心とかかわりを再興する契機となった．さらに重要なことは，この一連の聞き取り調査と展示のプロセスが，サンゴセンターのレジデント型研究者にとっては，白保の人々のサンゴ礁への思いや多様な資源利用を通じたかかわりを深く理解するための，絶好の社会的学習の機会となったことである（清水，2013）．日常生活におけるサンゴ礁とのかかわりが薄れていくなかで忘れられてきた，人々のさまざまなサンゴ礁への思いや関心が浮き彫りにされ，そのなかからレジデント型研究者と地域のステークホ

ルダーが協働した新しい地域活動の萌芽が生まれていった．2004年6月には，白保今昔展がきっかけとなって，地域の自然資源を活用した伝統的な郷土料理を高齢者から学ぶ「郷土料理研究会」が始まり，その後2年間にわたって，サンゴ礁や沿岸の生態系から得られる，さまざまな自然の恵みを活用した料理についての知識技術が収集されていった．浅瀬でとれる海藻や庭先に植えられた植物を利用したさまざまな調理文化が発掘されると同時に，郷土料理を核とした人々のネットワークが形成され，それが後述する「白保日曜市」へと展開していった．サンゴセンターのレジデント型研究者は，地域のステークホルダーのなかに眠っていた豊かな在来の知識技術に接し，地域の人々から多くを学ぶことを通じて，地域内のネットワークにダイナミックな動きをつくりだしていったのである．

### （2）白保ゆらてぃく憲章

　白保サンゴ礁に関する地道で息の長い研究と，サンゴ礁にかかわる地域文化の調査と活用の試みを通じて，サンゴセンターのレジデント型研究者は，白保の人々のなかで一定の信頼を獲得し，ステークホルダーのネットワークのなかに組み込まれていった．そして，2004年に沖縄県の支援を受けて実施された「離島・過疎地域ふるさとづくり支援事業」のなかで，「次世代プラン班」の一員として，白保の未来のあり方を描く地域ビジョンの構築を進める取り組みに参加することになった．この地域ビジョンは，「白保ゆらてぃく憲章」と名づけられた．「ゆらてぃく」とは白保の代表的な民謡「白保節」の歌詞に現れる言葉で，「よってらっしゃい」，「ともに集おう」などといった歓迎の意と村人の和を意味する．白保の人々の固い絆と外来の人々や文化を受け入れる寛容さを表す言葉として，白保人気質を未来に受け継いでいくことを目指す地域ビジョンのタイトルに選ばれた．「ゆらてぃくの心」，「ゆらてぃく精神」は，この憲章のなかで未来に受け継ぐべき白保の精神的遺産として位置づけられている．

　憲章の策定の過程では，地域の頼りになる目利きとしてのレジデント型研究者の知識技術が大きく役立つことになった．多くのステークホルダーの思いや意見を反映させたボトムアップのビジョンづくりのために，彼らは白保の全住民に対するアンケート調査，子どもや古老への聞き取りによる地域資

源の掘り起こしなどを繰り返して，人々の思いを集約し，未来に向けて守るべきもの，残すべきものを整理した．また，2005年には地域の意思決定機関である公民館から正式に憲章策定作業の付託を受け，これによって集落の在来の意思決定システムに整合するかたちで合意形成を進めていくことができるようになった．その後，9回にわたる座談会，5回の班会議を繰り返して案を練り上げ，2006年度白保公民館総会において，「白保ゆらてぃく憲章」が正式に制定された．地域の社会・経済的課題，環境に関する課題を洗い出し，統合的な解決策について多くのステークホルダーが知恵を出し合うプロセスをたどることを通じて，白保の人々の心のなかにある未来のビジョンが可視化され，共有されていったのである（上村，2012）．その過程で，地域に定住するレジデント型研究者が，裏方として重要な役割を果たしてきたことはまちがいない．

　白保ゆらてぃく憲章の根幹をなすのが「白保村づくり七箇条」である．このなかに，白保の人々の思いがみごとに集約されている．まず「豊かな自然とともにある暮らしを守り，若者たちが夢と誇りを持って次世代を担うことのできる」白保を目標とすることをうたう前文が，自然と調和した地域の持続可能な開発を重視する人々の思いを端的に表している．第1条に白保固有の芸能・祭事の継承と発展があげられているところが，いかにも伝統芸能がさかんな白保らしい．続く第2条は「世界一のサンゴ礁」を中心とした自然環境の保全と自然に根差した生活のビジョンが掲げられ，第3条では景観と街並みの保全，第4条では地域を支える地場産業としての農業，漁業を中心とした新たな地域産業の育成がうたわれている．白保の人々が未来のビジョンとしてその保全と発展に優先して取り組んでいきたいと思っている課題が，この七箇条に集約されていると考えてよいだろう．とくに「世界一のサンゴ礁」という言説は，白保に独特のものである．おそらく，1987年のIUCNによる調査によって「北半球最大最古のアオサンゴ群落」と記述された科学的知見が，地域の人々によって翻訳され，いつの間にか「世界一」という言説が生まれてきたのだろう．地域の自然のグローバルな価値にかかわる科学知が翻訳され，在来の知識体系に取り込まれ，人々の誇りと愛着の源泉となっているのである．

## （3）白保魚湧く海保全協議会

　こういった地域ビジョンづくりは日本各地で試みられている．その多くは行政が主導して構築されてきたものであり，白保のような，コミュニティ・レベルで草の根からのボトムアップによってつくられたものはまれである．また，こういったビジョンが策定されても，それが紙の上でのビジョンに終わらず具体的なアクションにつながっていく保証は，まったくない．むしろ，神棚に祭り上げられ，実効性を持たないまま忘れられていくことも多い．WWFサンゴ礁保護研究センターの上村真仁センター長は，日本各地の地域振興計画の策定に長くかかわった経験を積んでおり，このような危険を熟知していた．そして，上村さんの働きかけをきっかけに，地域の意思決定機関である公民館が主導して，憲章の条項に対応するかたちで，村づくりの実践を担う地域組織の構築が進められていった．

　第1条の白保文化の保全と継承に関しては，伝統芸能の保存会などのさまざまな活動がすでに動いていた．第3条の景観と街並みの保全と修復に関しては，20名のステークホルダーが参加して「白保村ゆらてぃく憲章推進委員会」が組織され，その事務局をサンゴセンターが務めて，地域のなかに増えていたブロック塀を伝統的な石積みにつくりかえる，などの地域ぐるみの活動が大きく進展している（図2.11）．たとえば2008年にはのべ200人が参加して，5軒でブロック塀を解体して石積みが修復され，伝統的な街路樹であるフクギなどの苗200本が植樹された．2011年には長年の懸案であった白保小学校のブロック塀を石積みに修復する作業が始まり，2012年にほぼ完成した．こういった作業は白保に受け継がれてきた伝統的な石積み技術を活かし，昔ながらの「ゆいまーる（結）」という地域の共同作業によって実現されてきた．このような地域活動が活性化することによって，白保の人々のネットワークがダイナミックに動き，新たな人々のつながりが生まれ，強化されていった．

　第2条の「世界一のサンゴ礁」に関しては，2005年に公民館の下部組織として「白保魚湧く海保全協議会」が設立され，ここでもサンゴセンターが事務局機能を担うことになった．協議会のメンバーは，サンゴセンターに加えて白保公民館，白保ハーリー組合（漁協），農協の婦人会と青年会，畜産

**図 2.11** 多くの人々が協力して白保の街中に再生された石垣．サンゴ礁から得られる石灰岩を使っている．

組合，民宿，遊漁船などが含まれている．つまり，白保のサンゴ礁の持続可能な管理と活用に関係する，陸域と海域のほぼすべてのステークホルダーが参加する構造なのである．協議会は，白保サンゴ礁が「北半球最大のアオサンゴ群落をはじめとする世界的にも貴重なサンゴ礁生態系」であると同時に「沿岸で暮らす白保住民にとっては，『魚湧く海』，『宝の海』，『海が育ての親』といわれる生活と切り離すことの出来ない大切な海」であるという共通認識を基礎として組織された．そして，「海とともに暮らしてきた先人の生活文化に敬意を表し，伝統的なサンゴ礁の利用形態を維持・発展させるとともに，集落をあげて白保の海とその周辺の自然環境・生活環境の保全と再生を図り，適切な資源管理を進めることで地域の持続的な発展をめざす」ことを目的としてさまざまな活動を展開している（白保魚湧く海保全協議会，2005）．

白保魚湧く海保全協議会が最初に手がけた事業は，白保サンゴ礁環境の適切な利用に関する自主ルールの策定であった．協議会に集まった多様なステークホルダーが協議を重ね，豊かなサンゴ礁を次世代に受け継ぐための自主ルールをつくり，浸透させていこうという活動である．ルール策定の作業は非常に慎重に進められ，協議会の議論をもとに原案を作成して，関係するス

テークホルダーの意見を広く求め，時間をかけて合意可能なものに練り上げていくというボトムアップの手続きが徹底されていた．サンゴ礁生態系を利用する人々を対象に，持続可能な利用を担保するための自主ルールをつくっていこうという姿勢が一貫している．2005年の協議会設立から2年近くの協議を重ね，最初に公表されたのが，「サンゴ礁観光事業者の自主ルール」（2006年6月制定）である．世界的に貴重なサンゴ礁環境について，今後もっとも重要な受益者となりうる観光事業者に対して，新規参入の抑制と総量規制を視野に入れた，持続可能な観光業の発展のためのルールを定めている．これに続いて，集落内での観光の心得をまとめた「白保へおこしの皆さんへ」（2006年6月），白保をフィールドとする研究者のための「白保海域等利用に関する研究者のルール」（2009年12月）が策定され，「漁やおかず採りをする人のルール」，「海で遊ぶ人のルール」も，これまた慎重に時間をかけて検討が進められている．慎重な合意形成のプロセスを経ることによって，多くのステークホルダーが納得できるルールとなることが期待できる．こういったさまざまな自主ルールづくりを契機として，規則をつくるだけにとどまらず，サンゴ礁の未来に対する地域の人々の思いを具体化するために，サンゴ礁環境の再生と持続可能な管理に向けたさまざまな活動が展開されていった．サンゴセンターは，これらのルールや地域活動のための知識基盤を提供し，具体的な活動に中心的な役割を担ってきた．

　「白保海域等利用に関する研究者のルール」は，白保ならではのたいへん興味深い自主ルールである（日本サンゴ礁学会，2013）．世界的に貴重な白保サンゴ礁には，多くの訪問型研究者が調査に訪れる．しかし，白保の人々から見ると，その研究の内容や成果はブラックボックスのなかにあり，得られた成果が地域に伝えられ，活用されるチャンスはめったにない．サンゴ礁と深くかかわり，その保全と持続可能な活用のための高い意識を持つ白保の人々のなかには，サンゴ礁にかかわるさまざまな知識に対するニーズも高まっていた．このような状況で，白保魚湧く海保全協議会は，フィールド調査に入る際の白保公民館や同協議会への届け出，「白保村ゆらてぃく憲章」などの遵守，研究成果の情報の共有を骨子とする自主ルール案を，多様な研究者グループに対して提案し，合意形成を進めてきた．ここでも，地域の一員であると同時に専門的なバックグラウンドを持つレジデント型研究者が，地

域内外の研究者コミュニティのネットワークを，地域の知識ユーザーのために活用していく動きが活性化している．

## 2.5　里海としてのサンゴ礁

### （1）「里海」という考え方

　人間の手が加わらない原生自然の保護ではなく，人々が自然を利用し続け，その恩恵を活用して人間の福利を向上させていくことを目指す環境保護の考え方に立つとき，日本の里山環境はその優れたモデルとなりうる．里山とは人里近くの人間生活と密着した農地，水田，森林などからなる生態系で，人間による利用を通じて多様な生態系のモザイクが創出されている景観をいう（国際連合大学高等研究所日本の里山里海評価委員会，2012）．里山は地域の人々によって持続可能なかたちで管理されれば，多様な生態系要素の共存を通じて，高い生物多様性と豊かな生態系サービスが生み出され，人々の生活を潤すことが可能である．そこでは人間生活と自然が密接にかかわりあい，人々が積極的に自然とかかわり管理することが豊かな自然を維持し，地域社会の持続可能な開発を支えている．自然と人間生活を保護区などの制度によって隔離し，人間の影響を最小にして自然を保護するアプローチとは対極にある考え方である．

　沿岸海域でも，里山と同様に人間の手が加わることで豊かな海が創出されることがある．これを陸域の里山にならって「里海」と呼ぶ．この概念を広く提唱してきた柳哲雄さんによれば，里海は「人手が加わることにより，生産性と生物多様性が高くなった沿岸海域」と定義できる（柳，2006）．人間による資源利用が多様な生物の新しい生息環境をつくりだす場合，あるいは人間による管理を通じて生態系の多様性が創出・維持される場合に，サンゴ礁などの沿岸海域に高い生物多様性と豊かな生態系サービスが創出されることがある．それは，利用しながら保全するという，人々の生活と自然の結びつきにもとづいた沿岸環境管理のあり方であり，沿岸域の持続可能な地域づくりのための中核となりうる考え方である．たとえば，沿岸の浅い海域に密生する海草のアマモは，化学肥料が普及する以前は，日本沿岸各地で採取さ

れて，農地の肥料として利用されていた．アマモ場の一部が刈り取られて砂底が現れることでモザイク状の環境が生まれ，アマモが密生した状態に比べてアマモ場に集まる魚類の個体数も種数も増加し，豊かな漁業生産を支えてきたものと考えられている．白保のサンゴ礁に代表されるように，沖縄の島々をとりまくサンゴ礁の海は，人々の生活との密接なかかわりを通じて維持されてきた里海の典型的な事例だが，現在，白保だけでなく沖縄のサンゴ礁生態系は全体的に著しく劣化している．サンゴ礁環境の再生と持続可能な管理に向けて，人間の手が加わることで海も華やぐという関係を取り戻す道筋を探ることが重要なのである．

白保魚湧く海保全協議会が目指すのは，伝統的なサンゴ礁の利用形態を維持・発展させながら，白保のサンゴ礁の資源管理と再生を通じた地域の持続可能な開発を目指すことである．この目標は，里海の考え方をみごとに体現している．白保の有志グループによる調査を通じて，白保のサンゴ礁においても昭和20年代まで，沿岸の浅瀬に半円状の石垣をつくり，干潮時に閉じ込められた魚を捕らえる「魚垣」，「海垣」あるいは「石干見」と呼ばれる漁法が広く使われていたことが明らかになった（魚垣の会，1988；田和，2007）．サンゴセンターによる聞き取り調査を通じて，白保の人々の間で，海垣についての思い出がしばしばなつかしさと楽しい思い出をともなって語られることが多いこともわかっていた．サンゴ礁の波打ち際にこのような人工的な石垣をつくることは，さまざまな海洋生物に自然状態では存在しない生息環境を提供することを通じて生物多様性を高め，豊かな漁業資源を提供していた可能性がある．白保魚湧く海保全協議会のなかで，伝統的な海垣の再生に向けた機運が高まっていったことも不思議ではない．

### （2）海垣の再生

世界各地に見られる原始的な定置漁法である「魚垣」は，白保ではカチまたはインカチ（垣・海垣の白保読み）と呼ばれている．白保サンゴ礁では，昭和初期には沿岸に16基の海垣が密集し，人々によって活用されていたという．浅い海域に連なる海垣は，サンゴ礁海域に複雑な岩場をつくりだすことによって，生物多様性と生産性を高めていた可能性が高い．この時代の白保サンゴ礁は，現在とは大きく異なる構造を持っており，海垣を用いた漁業

活動を通じて，豊かな里海がつくられていたのである．

白保魚湧く海保全協議会が中心となって，2006年に海垣の復元が実現した（図2.12）．ハーリー組合（漁協）をはじめとする地域の多様なステークホルダーが参加し，子どもたちも加わって地域ぐるみの活動が展開され，海岸線に沿って長さ200 m，波打ち際から沖へ100 mほどの規模の，「白保竿原（ソーバリ）の垣」が完成した（上村，2007）．海垣は，地域住民のサンゴ礁への関心を高めること，とくに若い世代に対して，伝統的資源利用の技術やサンゴ礁に対する愛着を伝えることを目指して復元された．これによって地域住民のサンゴ礁に対する誇りと愛着が強化され，新たな教育，レジャーなどの生態系サービスの創出につながることも期待されていた．復元された垣については，利用規約が定められ，環境教育の素材として，またさまざまな地域イベントの際に活用されている．海垣の復元は，サンゴセンターのレジデント型研究者が海垣にかかわる在来知を集約し，さまざまな障害を乗り越えて合意形成を進めたことによって可能になったものである．ここではレジデント型研究者が，地域のステークホルダーが中心となった里海創生活動を実現するための中心的なアクターとして機能してきた．

図 2.12 伝統的漁具である「竿原の垣」が白保サンゴ礁に復元された．海垣はサンゴ礁の浅い海域に複雑な岩場をつくることで，多様な生物の新たな生息場所を創出する．

海垣の復元にともなう環境変化や海垣自体を生息場所として活用する生物の定着などによる生物多様性と漁業資源への効果，さらには新たな生活文化の創出などを追跡していくことも，レジデント型研究者の重要な役割である．海垣はサンゴ礁生態系にふつうは存在しない自然石の石組みという生息環境を提供する．そして，さまざまな生物の隠れ場所となり，藻類や造礁サンゴ類の付着基質となる．その結果，魚以外にも，石に付着した藻類を捕食する貝類，隠れ場所として利用する甲殻類など，さまざまな水産資源がこの新しい生息環境を利用する．白保の海垣は，復元した当初は漁獲量が少なかったが，時間の経過にともなって石が海藻で覆われるようになると，漁獲が増加したという（佐藤，2008b）．

このようなサンゴ礁生態系にかかわるさまざまな効果に加えて，里海創生活動が地域の人々のネットワークにおよぼす社会的なインパクトも忘れるわけにはいかない．人々の思いが凝縮した海垣という構造を，多様なステークホルダーが協力して復元したことが，白保魚湧く海保全協議会と，その事務局機能を担うサンゴセンターの，地域社会に対する影響力を高めたことはまちがいない．同時に協議会内部においてもこのような事業を成し遂げたことが契機になって，新たな活動を促す機運が高まっていった．サンゴセンターのレジデント型研究者の国内外のネットワークを活用して，「世界海垣（インカチ）サミット」が開催されたのは，2010年10月のことだった．人口1500人の白保の公民館で，国際イベントが開催されたのである．スペイン，フランス，ミクロネシアのヤップ島，フィリピン，韓国，台湾の各地域から，海垣の復元，管理，活用を進める人々が参加し，日本国内からもさまざまな地域の海垣関係者が集まって，3日間にわたってシンポジウムと議論を行った．最終日には12地域の代表によるSATOUMI共同宣言を起草し，海垣を人の手を加えることで生物多様性を豊かにし，海の恵みを持続可能なかたちで利用する里海のシンボルと位置づけ，1. 人が海と調和して暮らしていた時代の知恵や文化・技術を受け継ぎ，2. 伝統的な漁具・漁法を観光資源や環境学習の場として活用し，3. 地域の海は地域で守り，4. 自然とともにある豊かな暮らしを実現し，5. 参加国・地域間の友好親善を図る，という5項目の宣言を発表した．レジデント型研究者が中心となって実現した，地域と国際社会を結ぶこのような活動を通じて，白保の人々のサンゴ礁にかかわ

る活動のネットワークがさらに強化されていった．

(3) シャコガイの放流

　白保魚湧く海保全協議会の活動を通じて，白保の人々の間に，サンゴ礁に生息するシャコガイへの関心が高いことが明らかになっていった．ヒメジャコなどのシャコガイの仲間は，刺身としてたいへんおいしく，白保の人々がとくに好む食材である．かつては白保サンゴ礁に豊富に生息し，食料不足の際には貴重なタンパク質源として利用されてきたが，現在では身近なサンゴ礁ではほとんど見かけることはない．これはもしかすると，白保の人々がシャコガイを好むあまり，見つけたら捕って食べるという利用を繰り返した結果かもしれない．協議会のメンバーのなかには，白保サンゴ礁にシャコガイの種苗を放流して資源の増殖を図りたいという期待が高まっていた．サンゴセンターのレジデント型研究者が持つネットワークが，ここでも役に立つことになった．沖縄県水産海洋研究センター石垣支所で生産されていたヒメジャコの種苗を，研究者仲間を通じて分けてもらえることになったのである．稚貝放流の技術についても，県の専門家の指導を受けることができることになった．こうして，2009年にヒメジャコの稚貝7000個の放流が，地域の多様なステークホルダーや子どもたちと協働で実施された．

　この活動は，人々の関心の高い種の増殖を図ることで，サンゴ礁資源の再生のきっかけをつくることを目的として行われた．放流の結果，予想どおり人々のサンゴ礁への関心がさらに高まり，2010年にはふたたび，2種類の稚貝2000個を放流することになった．また，放流に参加した協議会メンバーのスノーケリング観光業者によって，放流した稚貝の観光利用が即座に始まった．そもそも放流に際して，観光利用を意識して色が美しい個体を意識的に選んでいた．大きな岩に種苗をかなり密集して植えつけるので，放流した場所は確かに美しく，見応えがある（図2.13）．こうして，スノーケリング観光客を自分たちが種苗を植えつけた場所に案内し，解説するという新しいツアーのメニューが加わったのである．

　当然ながら，植えつけたシャコガイが何年たったら食べられる大きさになるかが，当初は多くの人たちの関心事であった．しかし，種苗の放流が行われてからは，むしろ植えつけた場所は禁漁にして管理していこうという流れ

図 2.13 石灰岩の岩盤に植えつけられたシャコガイの種苗（2010 年撮影）.

が強くなっていった．ヒメジャコは放流後 3-4 年で成熟し，産卵を開始する．放流したヒメジャコが安定して産卵していれば，周辺でヒメジャコが増え，それを利用していくことができるという発想である．こうして，地域のステークホルダーによる自主的な禁漁区の設定と資源管理への取り組みの機運が高まっている．また，スノーケリング観光業者や漁業者が中心となって，植えつけたシャコガイの成長モニタリングを進めようという動きも始まっている（図 2.14）．

　このような資源管理への意識の高まりは，ヒメジャコに対する人々のオーナーシップの高まりを通じて，サンゴ礁に悪影響を与える陸域からの赤土流出防止対策の強化につながる可能性がある．赤土の流出がサンゴ礁全体にさまざまな悪影響を与える可能性は，人々にとっては，よく理解はしているが，それほど切実ではない問題だろう．つまり，白保のサンゴ礁は確かに国際的な価値がある貴重な生態系ではあるが，地域の多くの人々の日常に直接にかかわる存在ではない．しかし，自分たちが苦労して植えつけ，成長を見守り，禁漁区として管理しているシャコガイに悪影響があるとしたら，ことは重大である．「自分たちの」シャコガイのためならば，赤土の流出を防ぐ対策に大きなエネルギーと労力を費やすという決断も可能になるかもしれない．シ

2.5 里海としてのサンゴ礁　77

図 2.14　びっしりと植えつけられ，人々に大切にされて大きく育ったシャコガイ（2014 年撮影）．すでに産卵サイズに達している．

ャコガイの種苗放流と，増殖した資源の利用という人間活動を通じて，サンゴ礁環境もより豊かになっていくという，里海創生のプロセスが期待できるのである．

　シャコガイの種苗放流という活動は，このようにして地域の人々とサンゴ礁の間に，さまざまな新たなかかわりを生み出している．サンゴ礁資源の増殖に取り組み，観光資源として活用し，その成長をモニターしながら禁漁区として管理して，増えてきたシャコガイを食べて楽しむというサンゴ礁へのかかわり方を通じて，人々のサンゴ礁環境にかかわるオーナーシップが醸成され，それによってサンゴ礁生態系の持続可能な管理に積極的にかかわる機運が高まっていくかもしれない．そのすべての段階で，レジデント型研究者が地域のステークホルダーの活動をさまざまな知識技術の生産を通じて支えることができるのである．

## 2.6 レジデント型研究者の位置づけと役割

### （1）持続可能な地域づくりへの貢献

2000年の設立以来十数年の歩みを振り返ってみると，WWFサンゴ礁保護研究センターのレジデント型研究者は，白保の人々のネットワークのなかで，その立ち位置と役割をダイナミックに変化させてきたことがわかる．設立当初のサンゴセンターは，国際的な自然保護団体がサンゴ礁の保全を目的に設立した研究施設であり，地域の人たちから見れば，白保にやってきては去っていく多くの訪問型研究者と大きなちがいはない存在だっただろう．そこで行われている研究や活動は，自然保護団体のミッションにしたがって設計されたものであり，地域の人々の思いや日常生活のなかで直面する課題とは直接はかかわらないものだった．2001年にぼくがセンター長に就任した時点では，サンゴセンターは白保の人々にとって親しみのある存在ではなく，とくに存在感があるわけでもなく，むしろ多くのステークホルダーにとっては，地域に混乱をもたらす可能性を警戒すべき施設だった．

ぼくたちはその状況を打開することを目指して，地域の課題の解決に貢献できる領域融合的な研究を推進するレジデント型研究機関として，サンゴセンターの研究戦略を練り直すことに着手した．地域の人々が主役となった持続可能な地域社会の構築のための，意思決定とアクションに役立つはずの知識の生産に特化し，白保のサンゴ礁環境の長期的モニタリングと，地域に受け継がれてきたサンゴ礁にかかわる伝統文化の保全と蓄積に集中した研究戦略を確立し，実践していくことを通じて，サンゴセンターの研究者は地域の人々から多くのことを学び，研究姿勢を変容させていった．サンゴ礁にかかわる伝統的な資源利用文化を地域の人々と協働して収集していく過程で，サンゴセンターの研究者と地域の人々の間に信頼関係が構築されていった（佐藤，2014a）．

白保ゆらていく憲章という地域ビジョンの策定プロセスに参加し，専門家としての知識技術を活かして地域のステークホルダーによるビジョンづくりを支援したことが，レジデント型研究者としての役割の確立につながっていった．地域の多様なステークホルダーとのつながりが深まり，地域ネットワ

ークのハブとして人々の協働活動をサポートする機能を身につけていったのである．ゆらてぃく憲章を実現するために組織されたゆらてぃく憲章推進委員会，白保魚湧く海保全協議会などの事務局機能を果たすようになったことが，ネットワークのハブとしての機能をさらに強化していった．地域の課題に直結した研究を通じて，地域外のさまざまな研究者とのネットワークも成熟していき，白保の地域社会が直面する課題の解決に貢献できる訪問型研究者と地域をつなぐネットワーキング機能も果たせるようになっていった．

聞き取り調査や白保魚湧く海保全協議会の活動を通じて，地域のステークホルダーが共有している関心が浮き彫りになり，サンゴセンターは海垣の復元やシャコガイの種苗放流，伝統的な石積みの復元などの具体的な地域活動の中核としての機能も担うようになった．それによって，豊かなサンゴ礁環境の保全と地域の持続可能な開発を目指すダイナミックな地域活動が生まれつつある．海垣の復元は環境教育やエコツーリズムへの活用の可能性を開き，シャコガイの放流はステークホルダー自身による資源管理とモニタリングの機運を生み出し，さらには具体的な観光資源としての活用が始まっている．こうして，サンゴセンターの活動は，白保村づくり七箇条の第4条「地域を支える地場産業としての農業，漁業を中心とした新たな地場産業の育成」という，通常の研究機関の範疇を大きく逸脱した領域に拡大することになった．

### (2) 白保日曜市

白保の人々にとって，若い世代が安心して定住でき，誇りを持って生活できる地域をつくることは，サンゴ礁環境の保全よりもはるかに優先順位が高い課題だろう．サンゴ礁生態系の保全と持続可能な管理は，さまざまな生態系サービスの創出を通じて地域社会の持続可能な開発に貢献できる道筋が示されれば，多くのステークホルダーにとって切実な課題として受け止められるにちがいない．地域社会のステークホルダーとの密な相互作用を通じて，地域の課題の解決に駆動された領域融合的な地域環境学を推進するレジデント型研究者にとって，地域の持続可能な開発を支える自然環境と調和した地域産業の育成に踏み込むことは，必然とも考えることができる．

サンゴセンターのレジデント型研究者は，海垣の再生やシャコガイの種苗放流を通じて，エコツーリズムの資源としてのサンゴ礁の価値を高めること

に貢献してきた．しかし，サンゴ礁の観光資源としての活用の受益者は，どうしても観光業者や民宿など，一部のステークホルダーに限られてしまう．白保地域の基幹産業である農業や，サンゴ礁が支える漁業を核とした地域産業を育成することによって，多様なステークホルダーが恩恵を受けるかたちでの生態系サービスの活用と地域の持続可能な開発が可能になる．聞き取り調査がきっかけとなって始まった郷土料理研究会に集まった地域の女性たちが中心となって，さまざまな地域の産品を持ち寄って販売する「白保日曜市」のアイデアが生まれた．これは白保の自然の素材や伝統的な技術を用いた民具，郷土料理，食品，生鮮野菜などを多くの人々に紹介するとともに，生産者と触れ合うことのできる場として 2005 年から始まった試みである．毎月第 3 日曜日に，どういうわけか研究所の中庭に市が立ち，さまざまな白保の産物が並ぶ（図 2.15）．古くから伝えられてきた民具，たとえばヤシの仲間のクバという植物の葉を使ったクバ傘や草履の制作実演販売まである．白保の海でとれた海藻や自分の畑でとれた米や野菜，それを使った加工品が，おすそわけ感覚で販売され，多くの人々をひきつけた（図 2.16）．白保日曜市は大きな反響を呼び，回を重ねるごとに出店者も増加し，やがて月 2 回の開催に，そしてついに 2012 年 9 月からは毎週の開催になった．石垣島のほ

**図 2.15** 白保日曜市のようす．地域内外の多くの人々でにぎわっている．

図 2.16 白保日曜市に並ぶさまざまな地域の産物．白保の農地や海の恵みを活かした手づくりの産品が中心である．

かの地域にも波及効果がおよび，あちこちで似たような市が立つようにもなっている．白保のおばぁ手づくりの「白保日曜市のお弁当」も，長い試作期間を経て，最近では個数限定ながらも名物となっている（図 2.17）．この日曜市弁当が進化した「カナッぱ弁当」は，2013 年 5 月に「八重山弁当グランプリ」の金賞を受賞した．また，日曜市の産品のいくつかが新石垣空港でも販売されるようになっている．最近の日曜市弁当のメニューを紹介しよう（図 2.18）．

このような地域産業創出の試みと，サンゴ礁生態系の保全と活用への取り組みの間に，相乗効果が生まれるようにもなっている．シャコガイの放流を契機として，陸域の赤土流出対策への機運が高まるなかで，2007 年から実施されてきた農地からの赤土流出防止を図るためのグリーンベルト植栽などの活動が，さらに活性化されていく可能性が芽生えている．その流れのなかで，2010 年からグリーンベルトに使われるゲットウ（月桃）という植物を原料とする商品開発による，グリーンベルトの経済価値創出の試みが始まっている．白保の女性グループがゲットウを蒸留してつくったルームフレグランスを開発して販売を開始し，商品の収益の一部は白保サンゴ礁の保全に使われる．このような地域産業を支える事業主体として，NPO 法人も設立さ

図 2.17　白保日曜市弁当．グリーンベルトに使われるイトバショウの葉の上に盛りつけられている．

図 2.18　2014 年 7 月 20 日の白保日曜市弁当のメニュー．

れた．そして，サンゴセンターのレジデント型研究者がこのような活動のすべてになんらかのかたちでかかわり，ダイナミックな動きと相乗効果をサポートしているのである（上村，2012）．

## （3）知識のトランスレーター，地域のカタリスト

　白保のWWFサンゴ礁保護研究センターの研究戦略の設計とその後の実践活動にかかわるなかで，地域の課題に駆動された問題解決に直結した領域融合的な研究のあり方が，ぼくのなかでずいぶん整理されてきたように思う．地域のステークホルダーとの濃密な相互作用を通じて領域融合的な研究を推進するレジデント型研究者が，地域環境学の実践を通じて地域社会の現場で果たす機能を，ここでは「知識のトランスレーター」と「地域のカタリスト」の２つの側面から考えてみよう．

　知識のトランスレーターとは，地域の自然環境と生態系サービスにかかわる科学者・専門家としての素養を持つと同時に，地域のステークホルダーの一員でもあり，科学知の地域への流入を，知識ユーザーの視点からの評価と再整理を通じて促進する機能を持つ個人または組織をいう（Crosby *et al.*, 2000）．この定義から見ても，レジデント型研究者がこの機能を果たすことが多いのは自明だろう．この概念は1990年代に米国のマイケル・クロスビーさん（現在はフロリダ州のモート海洋研究所・所長）によって定式化されたものだが，ぼくたちはそれをさらに拡張し，地域の人々が培ってきた生態系サービスの管理・活用の智慧を科学の言語に翻訳して発信するという，逆方向のトランスレーションも担う双方向トランスレーターとして再定義した．知識のトランスレーターが効果的に機能することで，科学知が人々の日常の意思決定やアクションを支える在来の知識体系に取り込まれ，同時に科学者・専門家が在来知を取り込み学習する機会も増加する（佐藤，2014a, 2015b）．

　レジデント型研究者がこのような知識のトランスレーションを通じてアクターとしての役割を拡大・変容させ，新たなリンクを生成し，地域ネットワークをダイナミックに動かしていく機能を，WWFサンゴ礁保護研究センターの上村さんは「地域のカタリスト」と呼んだ（上村，2010）．彼によれば，カタリストとは，利害関係者のパートナーシップ形成を通じて，地域の人々の行動を呼び起こし，地域コミュニティによる実践活動を促し，地域に大きな変化をもたらす働きかけを担うものをいう．地域の人々のネットワークのなかで，レジデント型研究者自身の立ち位置と役割がダイナミックに変化し

ていくことによって，このような地域社会の変化を誘発することが可能になるのだろう．地域の問題解決に直結した領域融合的な知識生産，そのトランスレーションと活用，そして自らの立ち位置と機能をダイナミックに拡大・変容させていくことによる地域のカタリスト機能が，ぼくが目指してきた地域環境学，つまり持続可能な社会の構築に向けた人々の意思決定とアクションを支える新しい科学のあり方のひとつの答えなのではないか．次章では，このような領域融合的な科学に不可欠な，科学者も含む多様なステークホルダーが共有できる価値（目標）についての検討を進めることにしよう．

# 第 3 章　里山を活かす
―― 環境アイコン

## 3.1　人と自然をつなぐもの

**（1）知識からアクション へ**

　東アフリカ・マラウィ湖と石垣島白保での経験と観察を通じて，レジデント型研究者などの地域に根差した知識生産者によって領域融合的な知識が生産され，トランスレーターを介して多様なステークホルダーの間に知識が流通することが，地域の人々が主体となった持続可能な地域づくりの活動に必要不可欠な知識基盤を提供することを，ぼくは確信するようになった．その際には，レジデント型研究者が地域社会の頼りになる目利きとして，地域のダイナミックな活動を促進するカタリストとしての役割を果たしていることもわかってきた．しかし，地域の環境問題の解決に向けた取り組みを支える知識基盤が構築され，地域づくりの核となるレジデント型研究者が活躍したとしても，それが必ずしも人々の具体的なアクションにつながり，持続可能な地域づくりに向けた多様な活動が起こるとは限らない．地域の環境問題に関する理解が深まり，科学的に妥当と思われる解決策が提案されても，それが地域のステークホルダーによって受け入れられず，具体的な活動につながらないという事態がよく発生する．みんな地域の課題とありうる解決策についてはよくわかっているが，具体的なアクションと社会の変化は起こらない，というのは，たいへんありふれた状況なのである（佐藤，2014b）．
　知識基盤が充実し，レジデント型研究者を中心として人々のネットワークが活性化したとして，多様な地域社会のステークホルダーによる協働が実現して地域社会がダイナミックに動き始めるためには，いったいほかになにが

必要なのだろうか．マラウィ湖の場合，チェンベ村の人々ははっきりと言葉にしてはいなくても，また程度のちがいはあっても，マラウィ湖の魚の国際的な価値に対する誇りと愛着を共有しているように見えた．それが保護区との共存や影響力のあるリーダーの存在などの要因と絡み合って，暗黙のうちにカンパンゴ資源にやさしい漁業を実現していると考えることができた．石垣島白保の場合も，白保サンゴ礁に対する思いは，それぞれ立場のちがいはあっても多くの人々に共通するものであり，それが海垣の再生やシャコガイの放流などの地域ぐるみのアクションの重要な基盤となっているように見えた．このような，必ずしもはっきりと意識されていなくても，人々がいつの間にか価値を感じ，大切だと思い，なにかアクションを起こす際の目標として緩やかに共有できるものが核となって，持続可能な地域づくりに向けた多様なアクションが起こっているのではないだろうか．

　マラウィ湖や白保の経験を通じて，ぼくは地域に固有の自然を象徴するような生物種，あるいは生態系にかかわる価値が広く共有されることが，知識から具体的なアクション，さらには社会の変化につながる重要な要因として働くにちがいないと考えるようになった．生態系サービスを介した人と自然のつながりを象徴するような野生生物，あるいは生態系が，このような多くの人々が共有できる価値として作用しているにちがいない．ぼくはこれを環境アイコンと呼ぶことにした（佐藤，2009a）．利害が複雑に錯綜し，異なる利害を持つステークホルダーが協働してアクションを起こすことが困難な状況は，地域の環境問題解決の大きな障害である．マラウィ湖の魚や白保のサンゴ礁の環境アイコンとしての価値が共有され，その保全ないし再生が共通の目標となったことで，異なる利害を持つステークホルダーがそれぞれの立場から自然とのかかわりを再構築し，具体的なアクションに踏み出すことを強力に後押しできたのではないかと考えたのである．

　白保サンゴ礁の場合，新空港建設への反対運動の歴史と，それに続くサンゴ礁保全への動きのなかで，白保サンゴ礁が環境アイコンとしての性質を持つようになったと考えることができるだろう．年配の住民のなかに強固に残っていたサンゴ礁の資源利用の記憶や強い愛着が基盤となり，白保のアオサンゴ群落が「北半球最大最古」と考えられること，白保の造礁サンゴ類の多様性がきわめて高いことなどの知識（Planck *et al.*, 1988）が地域の人々に受

け入れられて，人々のサンゴ礁に対する誇りと愛着を強化していったのだろう．このようなプロセスでサンゴ礁の価値に対する認識が深まることを通じて，白保サンゴ礁を自分たちの手で保全しながら持続可能なかたちで活用していくことが重要な課題であるという認識が生まれ，白保の多様なステークホルダーの間で立場を問わずさまざまなかたちで共有できる目標となっていったのだろう．

### （2）環境アイコンの性質

このような環境アイコンとしての野生生物や生態系は，地域レベルでの環境保全と地域振興の両立を目指す活動のなかで，意識するしないにかかわらずさまざまなかたちで活用されている．では，環境アイコンがどのようにして地域社会のなかで生まれ，その価値が共有され，共通の目標となって人々を動かしていくのだろうか．まず，そのために必要な環境アイコンの性質を，マラウィ湖と白保サンゴ礁の事例から整理してみることにしよう．

環境アイコン（Environmental Icon）という概念は，ぼくのオリジナルではない．マラウィ湖で研究していた時代の友人で，南アフリカのシクリッド研究者だったトニー・リビンクさんが使っていたものを借用させていただいた．彼は絶滅危惧種を意識的にアイコンとして活用することを通じて，生態系の保全に向けた国際的な協働活動を活性化することを目指す取り組みのなかで，環境アイコンの概念を使っていた（Ribbink, 2003）．英語圏では環境問題への取り組みに大きな影響力を持ってきた人物，たとえば『沈黙の春』の著者レイチェル・カーソンなども環境アイコンと呼ばれるし，絶滅した動物に対して用いられることもある．しかし，ぼくは環境アイコンという概念に，もう少しちがった意味を持たせたかった．

ぼくは，環境アイコンを，地域の自然環境を象徴する野生生物や生態系で，その保全ないし再生に多様なステークホルダーが強い関心を示し，環境アイコンを中心として自然環境に関する多様な活動が起こる可能性を持つものと定義した（佐藤，2008b）．この定義の後半の部分に注目してほしい．環境アイコンは，たんに人々が関心を持ちやすい生物学的に価値がある種，あるいは生態系を意味するのではない．むしろ，地域の多様なステークホルダーがその価値を共有でき，それぞれの立場からさまざまなアクションを起こす

ことができるということが，環境アイコンの性質として重要なのである．マラウィ湖の魚も白保のサンゴ礁も，生物学的な価値が国際的に高く評価されていることは確かだが，それだけでは環境アイコンとして多様なステークホルダーの動きをつくりだすことはなかっただろう．それぞれの地域の人々が，長い歴史のなかで生態系サービス，とくに漁業資源のさまざまな利用を通じて，地域の自然との密接なかかわりを紡いできたことが，環境アイコンに対する日常生活を通じた深い愛着を生み出してきたことが重要なのである．環境アイコンは，一方では地域の自然環境や生態系とかかわる科学的な価値にもとづいて人々の関心を引き寄せると同時に，人々と地域の自然とのかかわりを変容させ，多様なアクションのための共通の目標となりうる存在である．いわば，科学性と社会性をあわせ持つことで，地域の自然環境に対する人々の多様なかかわりを強化する役割を担うのである．

このような人間生活との深いかかわりをふまえると，環境アイコンはたんに地域の自然環境や生態系の魅力を象徴するものではなく，さまざまな生態系サービスを通じた人と自然のかかわりを象徴するものととらえるのが適切である．白保サンゴ礁という環境アイコンの例で見れば，それはサンゴ礁が育むさまざまな魚や建材などの資源をもたらす供給サービス，自然の防波堤として機能する調整サービス，日々のおかず採りの技術や世界的な価値とリンクした観光など，さまざまな地域文化を育む文化的サービスを象徴しており，それらが人々の日常生活を支え，発展させていく可能性を秘めている．マラウィ湖の場合は，多様な魚がもたらす供給サービスが漁業者だけでなく加工流通に携わるさまざまな人々の生活を支え，多様な固有種からなる生態系が湖の環境を維持する調整サービスと，世界遺産という価値にもとづく文化的サービスを提供している．したがって，環境アイコンの保全ないし再生に取り組むということは，地域社会にとって有益な生態系サービスの保全ないし再生を通じて，人々の生活を向上させることと直結するはずである．

### （3）環境アイコンの多様性

このように考えるなかで，ぼくはまたしても生態学者としての興味から一歩踏み出して，地域社会の現実のなかで作動している人々の思いやこだわり，価値の問題を含めた，「ひとり学際研究」に踏み込むことになった．ぼくは

表 3.1 環境アイコンの分類.それぞれのアイコンは,実際には複数の性質をあわせ持っている.

| 環境アイコンの多様性 | | |
|---|---|---|
| 分類 | 定義 | 例 |
| 生物種アイコン | 絶滅危惧種など生物種としての特徴 | コウノトリ(兵庫県豊岡市)<br>トキ(佐渡)<br>シマフクロウ(北海道西別川流域)<br>マラウィ湖のシクリッド |
| 生態系アイコン | 特徴的な自然環境や生態系とそのサービス | 白保のサンゴ礁(石垣島)<br>有明海の干潟(佐賀県鹿島市)<br>知床半島(北海道) |
| 社会的アイコン | 野生生物や生態系にかかわる地域社会の伝統文化や資源利用の仕組み | 佐久鯉(長野県佐久市)<br>片野鴨池のガン・カモ類(石川県加賀市) |

　もともと生態学者であり,魅力的な生き物や生態系に着目するというぼくの発想には,このことが強く影響したのはまちがいないだろう.しかし,よく考えてみると,人々の意思決定とアクションの基盤として見た場合,環境アイコンはなにも生物種や生態系に限られるものではない.むしろ,地域の人々にとって価値となる人と自然のかかわりの多様な要素が環境アイコンとなりうるのではないか(表 3.1).

　環境アイコンという概念を提案したときに,まっさきにイメージしたのは,絶滅危惧種,希少種,魅力的な指標生物など,生物種としての特徴から生まれるアイコンである.これを「生物種アイコン」と呼ぶことにしよう.後に紹介する兵庫県豊岡市のニホンコウノトリや,北海道西別川流域のシマフクロウなどがこれにあたる.多くの人々が愛着を感じ,アクションを起こしたいと思える魅力的な生物は,確かに環境アイコンとして重要な役割を果たしてきた.しかし,白保サンゴ礁やマラウィ湖の魚は,特定の種がアイコンとなっているわけではない.長い歴史を通じて人々の生活と不可分なかかわりを持ってきた地域の生態系が,総体として環境アイコンとして機能しているものと見なすことができる.このような,地域の自然環境や生態系の特徴から生まれる環境アイコンを「生態系アイコン」と呼ぶことにしよう(図 3.1).里山,里海など,人間生活と深くかかわりながら形成されてきた生態系が,生態系アイコンとして機能しやすいことは明らかである.

図 3.1　広大な有明海の干潟は，さまざまな生態系サービスに恵まれた生態系アイコンであると同時に，伝統的な漁法などを通じて社会的アイコンとしても機能している（佐賀県鹿島市にて撮影）．

　しかし，このような生物種アイコンや生態系アイコンとして機能しうるような魅力的な生物種や生態系は，どこの地域社会にも見つかるというものではない．どこにでもいる生き物や一見ありふれた生態系は，環境アイコンとして人々に共有され，さまざまなアクションを生み出すことはないのだろうか．実際には，野生生物や生態系にかかわる地域社会の伝統文化や資源利用の記憶，その再生に取り組んできた人々の取り組みの歴史が，ひとつの物語（ナラティブ）として共有され，環境アイコンとして機能することがある．これを「社会的アイコン」と呼ぶことにしよう．この章で紹介する佐久鯉の再生活動は，とくに魅力的な生物がいなくても，すばらしい生態系がなくても，人々と自然の密なつながりが地域の歴史を通じて構築され，その維持や再生のために多くの人々が力を尽くしてきたという物語が，社会的アイコンとして多様なステークホルダーの協働を支えている例である．また，長野大学の里山再生への取り組みは，ありふれた地域の森と人々とのかかわりを再生することを通じて，新たな物語を紡ぎ，環境アイコンをつくりだそうとする試みである．このようなありふれた地域の自然とのかかわりを再生，あるいは創出することこそ，社会的アイコンを通じた人と自然のかかわりの再構

図 3.2　石垣島白保に再生された海垣の漁獲物を計測する人々．このようにして伝統的漁具にまつわる新しい物語が紡がれていく．

築と持続可能な社会の構築に重要な役割を果たしていると思える．

　当然ながら，ひとつのアイコンがこれらの複数の側面をあわせ持つことも多い．たとえば白保のサンゴ礁は生態系アイコンであるばかりでなく，多様な資源利用を通じたサンゴ礁文化の再生に取り組む多くの人々が紡いできた物語という側面では，社会的アイコンでもある（図 3.2）．アフリカのマラウィ湖，白保のサンゴ礁，そしてこの章で紹介する事例の多くが，環境アイコンとして複数の性質をあわせ持っており，そのなかでもとくに，人々の日常生活のなかで育まれてきた自然資源や生態系との深いかかわりが重要な役割を果たしていると考えることができる．また，多くの事例に共通するのは，喪失ないしは危機の記憶と，そこからの再生の物語である．たとえば白保のサンゴ礁は埋め立ての危機を乗り越え，サンゴ礁生態系の世界的な劣化のなかで再生への道を模索している．このような物語が共有されることが，環境アイコンが多くの人々に共有される価値あるいは目標として，人々の意思決定とアクションを支えるために必要なのだと考えられる．この章では，ぼくがこれまで深くかかわってきた地域の事例のなかから，環境アイコンの活用によって，地域の多様なステークホルダーの協働を通じた環境問題の解決と持続可能な地域づくりを進めるための仕組みを考えていくことにしよう．

## 3.2 コウノトリの野生復帰

### (1) 環境アイコンとしてのコウノトリ

　兵庫県立コウノトリの郷公園の研究部長を長く務めた池田啓さんは，残念ながら2010年に亡くなってしまったが，ぼくの古くからの友人であり，生態学者として尊敬する先輩であり，自然科学者として社会が直面する環境問題の解決になんとか貢献したいとあがいていたころのぼくの，道標となった人だった．池田さんはタヌキなどイヌ科動物の生態の傑出した研究者であると同時に，文化庁で天然記念物行政に長く携わり，けっきょく，特別天然記念物であるコウノトリの野生復帰の現場に飛び込んだ．フィールドでの研究から行政へ，そしてまたフィールドの現場へと渡り歩いた池田さんから，ぼくは科学者として社会の現実に向き合うための基本的な姿勢を学んできたように思う．

　池田さんが1999年から赴任した兵庫県豊岡市の兵庫県立コウノトリの郷公園は，ニホンコウノトリ（*Ciconia boiciana*，以下，コウノトリ）の保護増殖と野生復帰をミッションとしたレジデント型研究機関である（佐藤，2009b）．ぼくは池田さんに連れられて，2002年に初めて兵庫県豊岡市を訪問し，コウノトリの野生復帰に向けた地域ぐるみの取り組みを目にすることになった．それ以来，豊岡市の取り組みに魅了され，訪問型研究者としてかかわりながら，多くのことを学び続けている．

　豊岡市のコウノトリ野生復帰への取り組みは，環境アイコンを活用した自然再生と地域再生の試みとして有名である．「コウノトリの生息を支える豊かな自然とコウノトリを暮らしの中に受け入れる文化こそが，人にとってすばらしい環境である」（豊岡市，2006）という認識が多様なステークホルダーの間で共有され，それぞれの立場からコウノトリをめぐる自然再生と持続可能な地域づくりが進んでいる点が，ぼくにとって新鮮だった．

　ニホンコウノトリは，明治初期までは日本全国に広く分布していた．しかし，農薬による餌生物の減少とコウノトリ自体の汚染，営巣に必要なマツの高木の伐採などが引き金となって激減し，1950年代に日本の野生個体群は絶滅した．コウノトリの絶滅は，日本の近代化にともなって，農業のスタイ

ルと水田環境が大きく変化し，水田の多様な生態系サービスが失われてきたことと深くかかわっている（菊地，2006）．その日本最後のコウノトリの個体が生息していたのが兵庫県豊岡市である（図3.3）．

豊岡市では飼育下におけるコウノトリの増殖が早くから試みられてきた．そして，いったん絶滅した大型鳥類の野生復帰という世界でも類を見ない成果が，2005年に達成されることになった．コウノトリが日本で最後まで生息していたこと，その保護の取り組みが長く続けられてきたこと，そして世界的にもまれな野生復帰が実現したことが，豊岡市の人々とコウノトリのかかわりに，ほかの地域にはない独自の価値を付与することになった．

コウノトリの個体数が激減していたころ，絶滅が危惧されるコウノトリは，それ自体が保護の対象であり，絶滅の回避と個体群の回復をおもな目的として，保護活動がスタートした．当初は絶滅の危機に瀕したコウノトリを保護するための人工飼育というかたちで，コウノトリの絶滅を回避することに特化した活動が行われてきた．このような場合，地域の自然環境の保全や再生は，あくまでもコウノトリの生息環境を整えることを目的として実施され，それ以外の多様な生態系サービスが強く意識されることは少なかっただろう（佐藤，2008b）．したがって，絶滅危惧種の保護という目的に特化した活動

図3.3 兵庫県豊岡市で野生復帰への取り組みが行われているニホンコウノトリ（撮影：池田啓）．

は，地域社会の関心や利害と乖離した状態にとどまり，それ以外の関心を持つステークホルダーとの摩擦が起こる可能性をはらんでいたものと考えられる．しかし，飼育下での増殖に成功して個体数が増加し，野生復帰がリアルな選択肢として意識されるようになるころから，コウノトリの位置づけが大きく変化したようである（菊地，2006）．

　コウノトリは，水田などの湿地で餌をとり，マツの高木や人家の屋根などで営巣する人里の鳥である．人々の日常生活のいたるところに出没し，生活の瑣末な局面で出会う身近な鳥であった．したがって，コウノトリが地域社会の人々と多様なつながりを持ち，さまざまな感情を喚起してきたことは確かだろう（菊地，2003）．一度は絶滅した身近な鳥を野生に戻すという試みが現実化したときに，地域の人々のコウノトリに対するなつかしさや愛着が強化されたと考えることができる．日本最後のコウノトリの生息地であったこと，地域ぐるみでコウノトリの人工飼育に取り組んできたことへの誇りも，コウノトリへの関心を強化したにちがいない．コウノトリの餌資源を確保するための無農薬農法などが生まれ，健康指向に対応した付加価値を生む可能性が芽生えたこと，コウノトリの野生復帰の活動がメディアの注目を集めてコウノトリを中心とした観光の活性化が期待されるようになったことなどが，さまざまな生態系サービスを象徴する環境アイコンとしてのコウノトリを核とした，多様なステークホルダーの協働を生み出していった．このようにしてコウノトリの野生復帰をめぐる物語が生まれ，人々の間で共有されたことによって，コウノトリが人々の日常生活と密着した自然再生と持続可能な地域づくりの核となっていったと考えられる．

### （2）レジデント型研究機関としてのコウノトリの郷公園

　兵庫県と豊岡市は，1955年のコウノトリ保護協賛会の設立を始まりに，長年にわたりコウノトリの保護運動を展開してきた．野生コウノトリが激減し，絶滅の危機が迫るなかで，1965年にはコウノトリの郷公園の前身となるコウノトリ飼育場を開設して人工飼育と増殖に取り組んだ．野生のコウノトリは1971年に姿を消してしまったが，人工増殖の試みは継続され，さまざまな困難を乗り越えて，1989年に初めて飼育下での繁殖に成功して，順調に飼育個体数を増やしてきた．人工飼育による増殖の成功を受けて，野生

復帰が現実の可能性となるなかで，兵庫県立コウノトリの郷公園は，まさにそのコウノトリの野生復帰を実現することをおもな目的として1999年に設立された．「コウノトリの種の保存と遺伝的管理」，「野生化に向けての科学的研究及び実験的試み」，「人と自然の共生できる地域環境の創造に向けての普及啓発」を基本理念に，野生復帰に向けた領域融合的な研究を推進するコウノトリの郷公園には，池田さんをはじめとするさまざまな研究者が集まった．このレジデント型研究機関の活動が，コウノトリの地域社会のなかでの位置づけの変化に大きな役割を果たしたことはまちがいない（図3.4）．

　コウノトリの郷公園は，コウノトリの野生復帰の実現によって得られる人と自然の共生と，豊かな生態系サービスの再生の価値を強く意識し，研究機関の基本理念のなかに「人と自然の共生できる地域環境の創造」を掲げている．コウノトリの増殖と生態研究だけでなく，環境社会学，景観生態学，環境教育などの多様な領域の専門家が協働して，コウノトリの野生復帰という課題に駆動された研究を推進してきた．コウノトリの野生復帰を支える地域の生態系サービスを対象とした自然科学的なアプローチと，コウノトリと人との歴史的，社会的なかかわりに関する社会科学的なアプローチを融合し，地域環境の保全と地域社会の再生を一体的なものとして扱うきわめて実践的な研究が特徴で，そこで生産される知識は，行政における政策や市民による

図3.4　兵庫県立コウノトリの郷公園の飼育施設．

環境保全と地域再生の取り組みに広く活用され，地域ぐるみの自然再生と持続可能な地域づくりの取り組みを支えてきた．まさに，池田さんの言葉「あらゆる学問を坩堝に」を実践する，問題解決指向の領域融合的な研究を展開してきたのである（池田，1999）．

コウノトリの郷公園のレジデント型研究者は，コウノトリの野生復帰という課題に駆動された領域融合的な研究を進めるなかで，コウノトリをたんに野生に放つことだけで野生復帰が実現するわけではなく，地域環境と生態系の総合的な再生が必要であること，コウノトリの生息環境を整えることが地域社会にとっての多様な生態系サービスの創出と地域社会の活力の再生につながること，などの新しい視点を地域社会にもたらした．また，アカデミズムのなかに閉じた研究ではなく，地域社会の多様なステークホルダーとさまざまな地域活動の場面で協働することを通じて，ステークホルダーとともに課題を抽出し，その解決に役立つ知識をともに生産し，研究者もひとりの市民として問題解決に取り組むトランスディシプリナリー・アプローチを動かしてきた．これによって，コウノトリという環境アイコンの再生を核とした持続可能な地域づくりのためのダイナミックな活動が強力にサポートされてきたものと考えられる．

このようなレジデント型研究機関としてのコウノトリの郷公園の活動は，石垣島白保のWWFサンゴ礁保護研究センターにおいてレジデント型研究のあり方を試行錯誤していたぼくにとって，まさにお手本となるものだった．地域社会に定住し，地域が直面する課題の解決に直結した研究を推進するという，新しい領域融合的な科学のあり方の探求は，この2つのレジデント型研究機関にかかわるなかで始まったといってもよい．ぼくにとっては，コウノトリの郷公園との出会いもまた，社会の課題の解決に科学者として貢献したいという願いを実現するための，貴重な経験のひとつだった．

### （3）多様なステークホルダーの協働

多様な生態系サービスを象徴する環境アイコンとしてのコウノトリを核として，レジデント型研究機関であるコウノトリの郷公園による知識生産を基盤として進められてきた野生復帰は，多様なステークホルダーによるそれぞれの立場からのアクションを通じて，地域ぐるみの協働へと進化していった．

そのきっかけは，兵庫県によって 2003 年に組織された「コウノトリ野生復帰推進連絡協議会」と，協議会によって策定された「コウノトリ野生復帰推進計画」だった（コウノトリ野生復帰推進協議会，2003）．「これまで経済重視で進められてきたさまざまな社会システムの構築を見直し，人と自然が共生する地域の創造につとめ，コウノトリの野生復帰を推進する」というこの推進計画の理念は，地域づくりの基本的なポリシーの大きな転換点だったように思える．経済重視の地域づくりではなく，コウノトリと共生できる地域社会という新たなビジョンが提案されたのである．

　行政機関である兵庫県が中心となり，多様な分野の研究者，地域企業，農協や漁協，市民団体，NPO などのステークホルダーが参加するコウノトリ野生復帰推進連絡協議会は，地域ぐるみの野生復帰に向けた動きを推進する重要なプラットフォームとなった．異なるステークホルダーが，それぞれ自分自身の関心にしたがって，多面的な角度からコウノトリの野生復帰に参加するようになったことは，環境アイコンが地域の人々が共有できる価値として広く受け入れられた結果だろう．これによって，豊岡市の里山生態系は大きく変容し，コウノトリの生息に適した環境が整えられていった．圃場整備の結果，河川とのつながりが絶たれ，魚などの生き物が遡上できなくなっていた水田には，たくさんの魚道がつくられ，コウノトリの採餌場所となる湿地環境の整備も進んだ．豊岡市は，現在では日本でもっとも魚道が多い地域だという．コウノトリの営巣に適したマツの高木に代わるものとして，人工的な巣塔が整備された（図 3.5）．そして，野生に放たれたコウノトリのつがいから，2007 年に 46 年ぶりにヒナが巣立った．2015 年 7 月には，野外で生活するコウノトリの個体数は 83 羽に達している．

　この順調な個体数の増加を支えてきたのが，地域の多様なステークホルダーによる多面的な里山環境の整備であったことは確かだろう．コウノトリの餌資源を確保することを目指した「コウノトリ育む農法」は，地域の農業者が中心となって開発した新しい稲作の手法である．農薬に頼らない除草技術や魚毒性の低い農薬の導入，水田魚道と魚の隠れ場所の整備，さらには冬季湛水と深水管理，コウノトリの営巣に合わせた中干しの延期などの技術を組み合わせて，コウノトリの餌になる魚などの生物が生息しやすい水田環境をつくることに成功してきた（菊地，2012）．この農法で栽培された米は「コ

**図 3.5** コウノトリの繁殖のためにつくられた人口巣塔．本来の営巣場所であるマツの高木に代わるものとして設計された．

ウノトリ育むお米」としてブランド化され，安全安心を求める消費者の嗜好にこたえるかたちで順調に販売を伸ばしている．この米を原料に「コウノトリを育むお酒」も製造販売されている．コウノトリという環境アイコンが，農業者の取り組みを通じて経済的な価値を生み出した好例である．

環境アイコンとしてのコウノトリは，小さな集落での地域ぐるみの活動の契機となり，地域の活力をもたらしている．2008 年に豊岡市北部の田結（たい）地区という小さな集落の放棄水田に，1 羽のコウノトリが飛来した．これが契機となって，田結地区の人々の間に放棄された水田をコウノトリの餌場となる湿地として再生しようという動きが起こった．行政や研究者の支援を受けて，村人総出の活動として湿地再生が進められ，再生された湿地のガイドを務める女性グループの結成などのさまざまな活動が派生し，それがコウノトリと共生した地域の未来への人々の思いを核とした新しい物語を生み出している（図 3.6）．地域の里山の生態系サービスを象徴するコウノト

図 3.6 豊岡市田結地区で放棄水田から再生された湿地. 1羽のコウノトリの飛来に始まって, 地域の人々によってコウノトリのための湿地再生が行われた.

リをめぐって, 多様なステークホルダーがそれぞれの思いを持って緩やかに協働することを通じて, 地域の生態系の再生と持続可能な地域づくりが進展しているのである (菊地, 2013).

豊岡市で環境アイコンとしてのコウノトリを中心に展開されている多様なステークホルダーの協働活動は, じつは玉虫色の合意にもとづくものではない. コウノトリが生息できる環境を再生するというビジョンは, 多くのステークホルダーの間で緩やかに共有されてはいるが, それぞれの利害や価値観の相違は維持されており, 意見の衝突や利害の対立はしばしば発生している. このような状況を, ぼくたちは「差異を維持した協働」と呼んでいる. 考えてみると, ひとつの価値の実現にすべての人々が賛同し, 一丸となって活動するという状態は社会の硬直化を意味するのかもしれない. 地域の自然環境も社会環境も, 時々刻々ダイナミックに変化している. この変化に地域社会のステークホルダーが柔軟に対応していくためには, 単一の価値にもとづいて活動する状況ではなく, 差異を維持しつつ協働し, 必要に応じて離合集散して変化することができるような社会のあり方が必要なのではないか. 豊岡市で起こっている多様なステークホルダーによる差異を維持した協働を観察するなかで, ぼくのなかにそんな発想が生まれ, ふくらんでいき, それが次

## 3.3　佐久鯉の再生

### （1）社会的アイコンとしてのありふれた自然

　豊岡のコウノトリや白保のサンゴ礁のようなきわめて魅力的な生物種や生態系が，環境アイコンとして人々の協働の核となっていく仕組みを見ていると，こういった魅力的な自然が，人と自然のつながりや多様な生態系サービスの価値を可視化することができることは確かなように思える．そこで気になってくるのが，ごくふつうのありふれた地域の自然の要素が，社会的アイコンとして人々の意思決定とアクションを支えていくプロセスである．社会的アイコンとは，地域の自然や生態系サービスにかかわる伝統文化や資源利用，さらにはその再生に取り組んできた人々の取り組みの記憶が，ひとつの物語として共有され，環境アイコンとして機能するものだ（佐藤，2008b）．コウノトリやサンゴ礁の場合でも，魅力的な自然の要素という側面だけでなく，その存続の危機を乗り越えてきた記憶や，再生に取り組む人々の協働の歴史が，環境アイコンとしての働きに深くかかわってきた．また，その際に地域社会の一員であるレジデント型研究者による，地域の課題の解決に直結した知識生産が，環境アイコンと人々のつながりの価値を可視化することを通じたダイナミックな地域の動きをけん引していることもわかってきた．環境アイコンが生成され，共有され，活用されていく仕組みを考える際には，生物種あるいは生態系としての特質よりも，じつはこういった社会的な側面に注目する必要がある．

　ぼくは2006年から縁があって長野県上田市にある長野大学に赴任することになった．長野大学はこの時期，地域に密着したレジデント型研究機関としての動きを強化しつつあった．ぼくにとっては，この小さな地方大学は，それまでWWFサンゴ礁保護研究センターや兵庫県立コウノトリの郷公園とのかかわりのなかで成熟させてきたレジデント型研究機関の概念や，その地域社会における機能についての考察を，実際の現場で活用できる絶好の機会だった．上田市の周辺には，コウノトリやサンゴ礁のような，生物種アイ

コンあるいは生態系アイコンとして機能しうるような，ほかの地域にはない特異的な自然は見当たらない．周囲に美しい山々はあるのだが，それは信州に広がる雄大な自然の一部であり，コウノトリのような人々の日々の生活を支える生態系サービスを象徴する魅力的な生物がいるわけではない．あたりに広がるのは，身近な森と水田や畑，果樹園，そして用水やため池などの，それなりの特徴はあるもののどこにでもあるありふれた里山である．しかし，地域の豊かな里山と人々のかかわりを通じた伝統的な資源利用や文化の記憶が息づいており，そこにはさまざまな社会的アイコンの可能性があるように思えた．

長野大学は，小高い山々に囲まれた $40\ km^2$ ほどの面積の塩田平という盆地の一角にある．日本各地の中山間地域の例にもれず，この地域でも里山の自然と人々のかかわりは，ライフスタイルの変化にともなって希薄になってきた．そして，周囲には管理の行き届かない人工林や忘れ去られた二次林が広がり，農業の担い手が減少するなかで耕作放棄地も拡大している．塩田平は日本でももっとも降水量の少ない地域で，年間降水量は $800\ mm$ ほどである．そのため，古くから灌漑のための用水やため池が発達し，それが塩田三万石といわれた稲作を支え，特徴的なため池文化を育んできた．周辺の落葉広葉樹の二次林は，農業資源として，またキノコや山菜などの資源として，人々の日常に密着した生態系サービスを支えてきた．塩田平だけでなく，周辺に広がる信州の里山は，このような多様な生態系サービスの利用にかかわるさまざまな伝統的資源利用や文化を育み，その記憶と里山再生の物語には，社会的アイコンとしての可能性を秘めるものがたくさんある．そのなかで，ぼくが長野大学に赴任して最初に注目したのが，塩田平から山をひとつ越えた隣の佐久盆地，長野大学から車で1時間ほどの距離にある，佐久市桜井地区で始まっていた佐久鯉の再生活動だった．

### （2）佐久鯉と人々

鯉は日本のほとんどの地域で見ることができるごくふつうの魚であり，生物種としての性質には，環境アイコンとしての活用につながる要素は少ない．しかし，とくに内陸部では古くから重要なタンパク質源として利用されており，用水路や水田など，身近な生業の現場で人々の生活と深くかかわってき

た．佐久地方では，鯉は古くから水田の魚だった．人々は水田を活用した鯉養殖（稲田養鯉という）を行い，鯉をタンパク質源として，また換金水産物として活用してきた．佐久地方の鯉養殖は，18世紀後期の天明年間に呉服商臼田丹右衛門が大阪淀川からヨドゴイと呼ばれていた品種を移植したことに始まるといわれている（安室，1998，2005）．佐久鯉はもともと天然鯉に由来するが，その後ヨドゴイ，ドイツゴイなど多様な品種との交配が重ねられて育種されてきた．その点で，佐久地方に独自の品種とみなすことができるだろう（図3.7）．

鯉は農村地帯の貴重なタンパク質源として重要な役割を担ってきた．佐久地方では，鯉は新年を家族で祝う際の「年取り魚」であり，端午の節句に子どもの健やかな成長を願って食べる魚でもあった．とくに鯉養殖がさかんだった桜井地区は，千曲川の伏流水に恵まれており，冬季には水温の高い地下水を利用した越冬池で畜養され，夏季には水田で急速に成長することによって，鯉は身がしまり，臭みのないおいしい味になるという．桜井地区に通うようになって初めて食べた佐久鯉の刺身の味の衝撃を，ぼくは忘れることができない．程よい歯ごたえと豊かな香りを持つ刺身は，鯉という魚のイメージを根底から覆すものだった（図3.8）．佐久地方の人々は鯉の洗いを酢味噌ではなくわさび醤油で食べるが，これも臭みのない深い味わいを楽しむた

**図3.7** 佐久市桜井地区の越冬池を泳ぐ佐久鯉．

めだという．また，栄養豊かな鯉は，妊産婦の滋養やさまざまな成人病の予防に効果があるとされ，薬用魚としてもさかんに利用されてきた．味がよく栄養に富んだ佐久鯉は，商品価値も高く，明治初期から東京をはじめ各地に輸送され，販売されてきた．1938（昭和13）年には東京への出荷が年間300トンを超えたが，その後は衰退し，1965（昭和40）年には実質的に消滅した（安室，1998）．

　佐久鯉の衰退は，大規模なため池養殖などによる鯉生産との価格競争だけに起因するものではなく，はるかに複合的で複雑な原因によって起こったものである．もちろん，ほかの地域での生産増加は衰退の大きな要因ではある．霞ヶ浦などほかの地域で養殖される鯉は，2年で体重1.3-1.5 kgに達して出荷される．水温が低い佐久地方でこのサイズに合わせようとすると，3年以上かかる．かつては2年で800 gほどまで育てて出荷されていた佐久鯉を，ほかの地域との競争のなかでさらに大きく育てる必要に迫られたことが，割高な価格につながったという．魚毒性の強い農薬（除草剤）が普及するにつれて稲田養鯉との両立が困難になっていったことも大きな影響を与えた．鯉を水田で飼育することは雑草の生育を抑制する効果もあるはずだが，除草剤の使用で重労働である草取りをしなくてすむようになったことが，稲田養鯉

図3.8　佐久鯉のたたき．まったく臭みのない，すばらしい刺身である．

をやめて農薬使用に頼る農家の増加をもたらした．農業の近代化によって機械化と兼業化が進み，省力化が進んだことがその背景にある．一家の働き手が省力化によってほかの生業につくことが可能になり，高齢者や主婦が農業のおもな担い手となっていったことが，集約的な労働を必要とする稲田養鯉の担い手の不足を招いた．稲田養鯉がさかんであったころには，水田で育つフナが副産物として消費されてきたが，稲田養鯉の衰退とともに，その技術を活用してフナの養殖がさかんになっていった．水産試験場によってフナの品種改良が進み，春先に産卵された卵を秋の稲刈り前まで水田で養育して，小鮒として出荷するという手法が確立し，地域の秋の味覚として定着していった．1年で収穫できる小鮒は省力化，兼業化が進んだ農家でも十分に養殖可能だったため，稲田養鯉に代わってさかんになり，現在では佐久地域でおよそ200軒の農家が年間25トンほどを生産するまでになっている．

　稲田養鯉は，夏季に高水温になる水田で鯉を急速に成長させることが特徴である．井出孫六はその著書『信州奇人考』のなかで，稲田養鯉の最盛期のようすを活写している（井出，1995）．彼によれば，「海のない信州で，いつの間にか佐久の稲田はみわたすかぎりの海となっていたといってよい」のであり，9月の中ごろには「鯉がおどり，あたりに鱗が散って，まるで一夜にして農村が突然漁村に変貌したみたいな大漁風景が現出して，その日だけは農民が漁民にでも化けてしまったように，畦畔にいきのいい声がとびかい，人々は束の間の豊かさに酔い痴れた」のだという．このような佐久地方に特有の，日常のなかでの鯉と人々の深いかかわりが，佐久鯉の社会的アイコンとしての働きの基盤となっている．

　佐久地方に通って佐久鯉と人々のかかわりを深く調べるようになって，ぼくはとくに桜井地区の高齢者の間に，佐久鯉の優れた味に対する強い郷愁と，稲作と結びついた稲田養鯉に対する愛着が，現在でも根強く息づいていることを確信するようになった．また，養殖技術や調理技術もよく保持されていることもわかってきた．桜井地区の集落内には水路が縦横に走り，50軒近くの家屋の敷地内の池に水が引き込まれている（図3.9）．かつては家を建てる土地を選ぶ際に，水路に隣接した土地を選ぶよう年長者に諭されたという．佐久鯉の本来の味に対する愛着も非常に強く，佐久鯉の歴史や伝統への関心も高い．長い歴史と昭和初期に地域の特産品として一世を風靡したこと

の記憶は，人々の佐久鯉に対する愛着を深めているようだ．鯉の栄養価の高さ，とくに妊産婦に対する栄養補給の効果や高齢者の延命効果などについて，人々が誇らしげに語ることも多い．佐久地方が長寿の郷であることへの誇りと佐久鯉への愛着が一体化しているように思える．佐久地方の人々は，水環境と川魚などの生物に対する関心も高いように見えることも気になった．佐久では川で鯉の姿を見ない．見つけたらすぐに捕獲して食べるからだという．淡水生物にかかわる独特の食文化も残されており，ドジョウ，フナ，ジンケン（オイカワ）などの魚だけでなく，サワガニ，タニシ，さらにはゲンゴロウ（ガムシ）まで，川や池の多種多様な食材が食卓にのぼる．佐久出身の長野大学の学生などの若い世代のなかにも，今でも川遊び，魚のつかみどりを楽しむ人が少なくない．水環境に対する関心も高く，水質のよさ，水源の豊富さに対する強い誇りがある．集落の水路に油分が流れたりすると，大きな騒ぎになるという．豊かな水と良質の米を活かした日本酒の醸造もさかんであり，近年は減農薬，無農薬の稲作が広がりを見せているが，これも人々の水環境への意識を反映しているものと考えられる（佐藤，2012）．佐久地方，とくに桜井地区では，水に恵まれた環境が，人々と川の生物の深いかかわりと文化を支えてきた．そのなかで佐久鯉は，人々の地域に対する誇りと愛着

図 3.9 桜井地区の民家の間には水路が縦横に走り，人々は古くからこの豊かな水を生活に活用してきた．

の中心であり，豊かな水環境の象徴でもあり続けている．このような佐久鯉の性質があるために，佐久鯉の社会的アイコンとしての価値が人々の間で共有され，地域の多様なステークホルダーによる持続可能な地域づくりの活動を支える存在として機能することができるのだろう．

### （3）社会的アイコンと地域の動き

　佐久鯉は環境アイコン（社会的アイコン）として，佐久地方の人々の水田環境や伝統的生業に対する強い愛着と思い入れの中心であると同時に，ほかの地域との差異化をもたらす独自性を持ち，独自の地域産業の育成と地域振興のシーズとなっている．佐久鯉は生活と密着した魚であり，生産の現場で育てられる魚であり，日常生活の多様な局面で出会う魚でもあるという点で，コウノトリや白保サンゴ礁と共通した特徴を持っている．これらは，人々の思いがぎっしり詰まった身近な社会的アイコンなのである．したがって，一度は衰退した佐久鯉を中心に，人々の間で自然環境や自然資源の再生や活用に関する多様な活動が起こる可能性は，もともとたいへん高かったと考えられる．佐久鯉の親魚は，稲田養鯉が衰退した後も，桜井地区の農家の池で細々と飼育されていた．これを活用して，地域で卵から育成した「生まれも育ちも佐久の鯉」を再生させようという試みが始まった．

　佐久鯉再生活動の中心となったのが，2003年に結成された「佐久の鯉人（こいびと）倶楽部」である．鯉人倶楽部は，地元小学生による佐久鯉についての研究がきっかけとなって，佐久商工会議所による支援を受けて，伝統的な佐久鯉復活を目指して結成された．設立当時の会員は130名で，その大半は地元の高齢者であった．設立当初から鯉人倶楽部の御鯉役役頭（ごりやくやくがしら，代表の意味）を務めてきた水間正さんによると，伝統的な佐久鯉の味と，米づくりとリンクした養鯉技術に愛着を持つ高齢者にとって，佐久鯉復活の最大の動機は「あの佐久鯉の味をもう一度味わう」ことであったという．保存されていた佐久鯉の親魚を用いて，2004年に採卵から出荷までをすべて伝統的な手法にならって行う「生まれも育ちも佐久の鯉づくり」が始まった（図3.10）．2007年には，会員のボランティアとしての献身的な活動によって，鯉人倶楽部が育てた佐久鯉が出荷サイズに達し，会員農家が経営する鯉料理店などで提供されるようになった（佐藤，2012）．

**図 3.10** 佐久の鯉人倶楽部による佐久鯉復活への取り組み．夏に休耕田を利用した池で育てた鯉を取り上げて，越冬池に移動する作業のようす．

　この活動はメディアの注目を集め，地域の人々の関心を呼んでいる．鯉人倶楽部が地域の食文化を再生するために復活させた「生まれも育ちも佐久の鯉」という物語が，地域の人々の佐久鯉とその生育環境に対する関心を高めている．佐久市内の鯉料理店には地域の人々だけでなく首都圏からの訪問客も増加し，最近では正月には鯉料理店は久方ぶりのにぎわいを見せているという．また，環境と健康に配慮した鯉養殖であるという点で環境意識の高い消費者のニーズにこたえる潜在性も持っており，高付加価値の食材として，新しい販路が開拓されていく可能性もある．桜井地区には，養鯉に適した環境，水源，越冬池などが残され，管理されている．鯉人倶楽部の会員のなかには，鯉養殖のための高度な技術（採卵，養育，水質管理，水位管理，鳥類による捕食回避など）が保持されており，これらの条件が佐久鯉復活の成功の大きな要因となったことはまちがいない．

　農業構造の根本的な変化のなかで衰退していった佐久鯉を復活させようとするとき，かつてのような大規模で労働力を必要とする稲田養鯉の手法をそのまま再生して，ほかの地域と競合できる大産地を目指すようなことは現実的ではない．現在の農業構造のなかで，新しい価値を地域にもたらすような仕組みを工夫する必要がある．佐久の鯉人倶楽部の活動は，じつは昔ながら

の稲田養鯉をそのまま復活させようとしたわけではない．減反政策や農業人口の減少によって，佐久地方でも休耕田が増加している．鯉人倶楽部はこの休耕田に目をつけた．稲田養鯉は稲の生育を保証する必要があり，そのための窒素管理，深水管理に神経を使う．また，稲刈りに備えて水田の水位を落とす前に必ず鯉を越冬池に移す必要がある．休耕田を養殖池として利用すれば，このような問題は回避できるうえに，越冬池に移動する際の鯉の取り上げ作業もはるかに容易で，働き手が減少している農家が中心となったボランタリーな活動に適している．さらに，休耕田を養殖池として数年間にわたって利用すれば，土壌が改善され，大豆栽培などに適した条件を整えることができる．水間さんは，休耕田を活用して鯉養殖と大豆栽培を繰り返すことが，休耕田の新たな活用の可能性を開くと考えている．減反と休耕田の増加というきわめて現代的な課題に対応するかたちで，新しい佐久鯉養鯉のかたちが生まれつつある．

　鯉人倶楽部の会員農家4軒が2005年に桜井地区に開店した鯉料理店「丹右衛門（たんにもん）」は，週末だけの完全予約制で，料理長以下全員が高齢者，かつ現役の農業者である．残念ながら丹右衛門は2013年末をもって閉店してしまったが，ぼくは水間さんに連れられて初めて訪問して以来，すっかり大ファンになってしまい，調査にかこつけて機会があれば必ず立ち寄ってきた（図3.11，図3.12）．ここで提供される食材の大半は，味噌醬油にいたるまで自家栽培か地元の産物であり，日本酒は出資者の農家が無農薬栽培した酒米を地元の酒蔵が醸造したもの，そしてなによりも，そこで働く人々は，忙しさをぼやきながら，なににも増して楽しそうである．昔ながらの食文化や佐久鯉にまつわる話題は尽きることがない．また，料理長は佐久鯉の新しいメニューの開発にも熱心で，ぼくが2012年に訪問した際には，塩麹を使った佐久鯉のマリネを試食させていただくことができた．地域の伝統的食文化を活かした，農家の副業としての新しいビジネスモデルを構築し，地域の環境アイコンを活かした新しい農業のあり方を提案する試みである（佐藤，2012）．

　佐久鯉は鯉人倶楽部の活動を通じて，伝統的な技術を現代に活かしながら再生されつつある．この動きは多くの人々の関心を集め，豊かな水環境を活かした地域の持続可能な開発を促している．2008年には特許庁による地域

図 3.11 桜井地区の鯉料理「丹右衛門」.

図 3.12 丹右衛門の佐久鯉料理フルコースの一部.鯉のイメージを一変させる豊かな味わいを楽しむことができる.

団体商標登録の認定を受け,地域ブランドとしての展開も軌道に乗りつつある.大きな課題として残されているのは,後継者の育成である.鯉人倶楽部は,2010 年をもって卵から出荷サイズまでの養育を行う活動を休止し,佐久鯉普及活動に重点を移した.活動が大きな成果をあげ,節目を迎えたこと

に加えて，高齢者が中心となったボランティアとしての活動を継続することのむずかしさも，その一因だった．丹右衛門の閉店も，従業員の超高齢化と店を引き継ぐ後継者がいなかったことが大きな要因だったという．しかし，鯉人倶楽部の活動を駆動してきたなつかしい鯉の味への愛着，水環境や地域文化への誇り，伝統的養鯉技術などは，子どもたちを対象とした環境教育活動などを通じて確実に新しい世代へと引き継がれつつある．また，休耕田を巧みに活用した新しい養鯉システムが設計され，農家のビジネスモデルとしての丹右衛門は，田舎の家庭料理の味，自家製食材，可能な限り無農薬などといった，現代のニーズにこたえる魅力を備えていた．佐久鯉は農業生産とリンクした地域社会の伝統産業，地域文化として人々の関心が高く，地域に対する誇りと愛着の象徴でもある．伝統を受け継ぐ地域産業として，地域活性化の鍵となるものと理解されている．佐久鯉の優れた味を支える水環境の重要性についての認識が深まりつつあり，佐久鯉を中心とした活動が地域の里山環境の再生へと広がる可能性も芽生えている．水田環境が支えてきた多様な生態系サービスと清冽な水がもたらす醸造などの産業振興のポテンシャルも，人々の水環境への関心を高めている．社会的アイコンとしての佐久鯉の再生と活用という目標が緩やかに共有されて，地域の多様なステークホルダーのダイナミックな動きが支えられていると考えてよいだろう．

## 3.4 シマフクロウと流域環境の再生

### (1) 地域から流域へ

人々は地域の自然環境がもたらす多様な生態系サービスと，日常の生活のなかで深くかかわりながら暮らしてきた．このような自然とのかかわりのなかで培われてきた伝統的資源利用，文化，生活のありように対する人々の思い，誇り，愛着が，さまざまな物語を紡ぎ出し，それが多様なステークホルダーの間で緩やかに共有され，具体的なアクションを生み出すことが，これまで見てきた環境アイコンに駆動される持続可能な地域づくりのプロセスに共通する特徴だった．環境アイコンという価値が，異なる利害を持つステークホルダーに共有され，その保全ないし再生が共通の目標となることで，地

域社会のダイナミックな動きが創発してきたのである．しかし，このような環境アイコンの価値は，あくまでも地域社会に固有の物語を基礎とする，地域に固有のものとみなさざるをえない．コウノトリに対する思い，サンゴ礁に対する愛着，佐久鯉再生への情熱は，それぞれの地域で，多様なステークホルダーの間で意識する，しないにかかわらず深く共有され，人々の意思決定とアクションを後押ししているが，それぞれの物語を共有していない地域外のステークホルダーにとっては，意味合いが大きく異なっているだろう．

　レジデント型研究者が核となって環境アイコンを共有した持続可能な地域づくりが活性化していく事例をいろいろ見ていくうちに，ぼくは環境アイコンが狭い地域の枠を超えて，広域的な価値としてステークホルダーに共有され，広域にわたる多様なアクションを起こすような事例があるのではないか，という点がとても気になってきた．環境アイコンの働きの基礎となる物語は，それぞれの地域に固有の文脈のなかで生まれてくるものだが，コウノトリやサンゴ礁のような，環境アイコンとして機能しうる生物種や生態系は，地域社会の範囲を超えてもっと広い分布を持っている．コウノトリはロシア，中国まで飛んでいくし，サンゴ礁は世界中の熱帯域に分布する．このように考えると，ぼくの生態学者としての側面がにわかに元気づく．もう一度生き物の視線に戻って，人間社会の境界を超えた生き物のつながりをヒントに，環境アイコンを核とした広域的なアクションの仕組みを考えてみるべきではないか．生き物の視線から見れば，環境アイコンが集落や市町村といった人間の事情でできている境界を超えた，人々の広域的なつながりやアクションの契機となることが，当然のように思えるのだ．その実例はすぐに見つかった．北海道根室市に20年以上にわたって定住し，毎日新聞の記者として，まさにレジデント型の報道活動を展開している本間浩昭さんという方がいる．この人自身に光をあてて1冊の本が書けそうなほど，独創的かつ筋の通った活動をなさっている方だが，この本間さんから紹介していただいたのが，「虹別コロカムイの会」である．全国各地のレジデント型研究者を探そうとしてあちこち歩き回っていた2010年2月，ぼくは初めて北海道東部の西別川という美しい小河川が流れる標茶町虹別地区を訪問し，シマフクロウという環境アイコンを核として行政の単位を超えた流域レベルでの活動を展開している人々と出会うことになった．

シマフクロウ（*Ketupa blakistoni blakistoni*）は，全長70 cmほどに達する世界最大のフクロウであり，河畔や沿岸の広葉樹の大木の樹洞で営巣する（図3.13）．魚食性であるため，豊富な魚を育む川と，営巣場所を提供する河畔の広葉樹林が，生活と繁殖に不可欠である．もともと北海道などに分布していたが，流域の開発によって河川や河畔林の環境が激変したために，個体数が大きく減少してきた．1971年に国の天然記念物に指定され，環境省レッドリストでは絶滅危惧IA類（CR）に分類されている（環境省，2014）．このシマフクロウは源流から海にいたる水の流れがつなぐ，集落や行政の単位を超えた広域的な生態系を生活の基盤としており，このような「流域」全体の生態系サービスを，環境アイコンとして象徴していると考えることができる．シマフクロウを環境アイコンとして，虹別コロカムイの会は人間のつくった行政単位を超えた，西別川流域をカバーする広域的なアクションを展開しているのである．

「流域」とは，生態系を見るときの，空間的なものの見方のひとつである．森とか草原とか海洋などといった生態系の分け方ではなく，水の流れがつくる単位にもとづく陸上生態系の分け方だ．川の流れは周辺の陸地に降った雨によってつくられる．ひとつの川に流れ込む水を集める範囲，逆に見ればある地点に降った雨が特定の川に流れ込む範囲のことを流域という．川に水を集める範囲という意味で，集水域といったほうがわかりやすいかもしれない．

**図3.13** シマフクロウは虹別コロカムイの会がその保全と再生を目指す世界最大のフクロウである．

人間が決めた単位（行政区分など）とも，平野，湖，山岳などの地理的な単位とも，森や草原などの生態系の単位ともちがう，水のつながりがつくりだす大きなシステムの単位と考えてよい．流域は高山から平野までさまざまな地形から構成され，多様な生態系（森，草原，川，都市，農地，沿岸など）と豊かな生態系サービスを育んでいる．流域を構成するさまざまな生態系は，水の流れを介して相互に深くつながっており，水が運ぶ物質の流れと生き物や人間の移動が重なって，たいへん複雑なシステムができあがっている．水と水が運ぶ物質の流れは，上流から下流に向かうので，上流で起こったことが下流の地域と海に大きな影響を与える．生き物や人間はあらゆる方向に動き，たとえば海から川をさかのぼって産卵し一生を終えるサケは，海の栄養を上流に運ぶ．もちろん流域はそれを超えたさらに広い世界ともつながっている．流域に降る雨は全世界的な気候変動の影響を受けるし，人間活動は流域の範囲を超えたさまざまな環境へのインパクトを持つ．

　流域という単位は，日常生活のなかでは意識されにくいものである．上流に住む人々にとって，日々の生活と沿岸の環境はかけ離れているし，海で漁をする漁業者にとって山岳地帯の源流とのかかわりは希薄だろう．しかし，持続可能な地域づくりを進めるうえでは，水の流れを通じて深く連関した流域というシステムの動きが，無視できない要素であることはまちがいない．地理的な距離を超えて上流の人々と下流の人々が協働することが，流域という大きなシステムの動きを改善することを通じて，それぞれの地域に住む人々の生活の向上に効果を持つかもしれない．河畔林で営巣し，川の魚を食べるシマフクロウは，流域全体を象徴する環境アイコンとして，流域という広域的な単位で人々の協働を促す可能性を秘めている．シマフクロウの生息を支える多様な流域の生態系が維持されるということは，流域の人々にさまざまな生態系サービスが提供されることを意味する．

## （2）河畔林の再生

　西別川は北海道東部標茶町の西別岳を源流として根室湾に流れ込む，全長80 kmほどの小さな河川だ．流域面積は440 km$^2$ほどである．西別岳のふもとの緩やかな斜面に広がる森や牧草地のどまんなか，北海道区水産研究所が運営するサケなどの種苗生産施設である「虹別さけます事業所」のすぐそば

図 3.14 西別川のサケは，味がよいことが地域の誇りとなっており，環境アイコンとしての潜在性を持っている．

に，摩周湖から地下を通って流れる水がこんこんと湧き出している．毎秒1トンほどが湧き出すこの湧水が，西別川の水源だ．清涼な水が豊かに流れる西別川は，サケなどの豊富な魚と沿岸の河畔林など，シマフクロウの生息に不可欠なさまざまな生態系に恵まれてきた．西別川のサケは，古くからその味のよさで知られてきた．江戸時代には将軍家に届けられる献上鮭として名声をとどろかせていたという（図3.14）．西別川のサケも，シマフクロウと並んで，流域の生態系サービスを象徴する環境アイコンと位置づけることができるだろう．この豊かで質のよいサケ資源とシマフクロウの生息を支えてきた西別川に大きな変化をもたらしたのは，根釧台地に大規模酪農を根づかせる国策事業として1973年から開始された，大規模な「新酪農村建設」だった．上流域では大規模な農業構造改善事業が進み，森林伐採と牧草地の開発によって，河畔林の消失，酪農汚水による富栄養化などが起こった．1973年に，河口がある別海町の漁協が実施した「西別川下り汚染源調査」を記録した映像がある．ゴムボートで源流から川を下り，公共工事や牧場からの汚染を記録した貴重な映像である．流域全体にまたがるこのような生態系の改変によって，シマフクロウの生息に適した環境だけでなく，豊かな水の流れが育んできた流域の多様な生態系サービスは，急速に失われていった（佐藤，

図 3.15 養魚場のドナルドソン・トラウトは，シマフクロウにとって貴重な餌資源となっている．

2011)．

　虹別コロカムイの会の活動は，1993年に始まった．事務局長を務める大橋勝彦さんは，西別川河口の別海町に住むサケ定置網の網元である．そのかたわら，ニジマスの貴重な系統を維持する「日本ドナルドソン・トラウト研究所」の所長を務め，別海町「川を考える月間」の実行委員長など，さまざまな地域の活動の中心人物でもある．大橋さんの日本ドナルドソン・トラウト研究所は，西別川の支流のひとつであるシュワンベツ川の源流の直下にある養殖場だ．大橋さんはサケをとるだけでなく，育てる漁業の大切さを意識するなかで，米国ワシントン州で開発された大型で成長が早く味もよいニジマスの品種であるドナルドソン・トラウトの魅力にとりつかれ，私財をなげうってこの品種の飼育に取り組んできた（図3.15）．この養殖場にシマフクロウのつがいがやってきたのが，1993年のことだった．西別川の流域環境が悪化してきたなかで，餌となるドナルドソン・トラウトをとることができる大橋さんの養魚場は，シマフクロウにとって最後の砦だったのだろう．養魚場の魚を捕食するシマフクロウの姿を目の当たりにして，大橋さん，後に虹別コロカムイの会の初代会長となる大山宏さん（故人），現会長である舘定宣さんらは，20名ほどの仲間とともに，このシマフクロウを守ることを

目的に掲げた虹別コロカムイの会を結成することを決断した（佐藤, 2011）. その最初の活動は, 標茶町の除雪ステーション建設計画が持ち上がったことに端を発した「森の大移動」である. 建設予定地の広葉樹林皆伐の予定を知った大橋さんたちは, どうせ切られてしまうなら別の場所に植え替えようと考え, 標茶町の理解を得て, 西別川の本流近く, ゴミ捨て場として使われていた町有地を活用して, シマフクロウの営巣に不可欠な河畔林に再生することにした. わずか1カ月ほどの間に会員のパワーショベルやトラックを持ち寄り, ミズナラやニレなど261本を移植してしまったという. 移植に適した時期ではなかったので多くが枯れてしまったが, ミズナラは生着して, 現在ではうっそうとした森に生まれ変わっている.

森の大移動をきっかけとして, 1994年から「シマフクロウの森づくり100年事業植樹祭」が始まった. 100年計画で西別川の流域全体にわたる森づくりを進め, わずかに残る河畔林を植樹でつなぎ, シマフクロウの生息と移動分散に必要な「緑の回廊」を確保しようという壮大な計画である. そのために, 西別川の上流から下流まで, 流域全体にわたって, 会員が育てた苗木など地元の種苗を使って河畔林の植樹を進めている. 毎年5月に開催される植樹祭は, 2015年に22回目を迎えた. 地元を中心に全国から毎年300人近い参加者が集まり, これまでに7万本を超える苗木を植樹している（佐藤, 2015b）. 虹別コロカムイの会は, 養魚場に現れたシマフクロウのつがいのために手づくりの巣箱を設置している. 設置後すぐに営巣が始まって2羽のヒナが巣立ち, その後も毎年のように繁殖に成功している. 大橋さんが丹精込めて育てているドナルドソン・トラウトをふんだんに食べることができ, 会員が巣箱の清掃などの維持管理を欠かさないことが, 毎年のように繁殖に成功できる大きな要因だろう. 養魚場には, シマフクロウのための食べ放題の池がちゃんと用意されている. 大橋さんによれば, これは「シマフクロウの取り分」だという. こうして2014年にもまた, 2羽のヒナが巣立っていった. そして, 虹別コロカムイの会はさまざまな地域のステークホルダー76名の会員を持つ組織へと成長し, その活動は2007年度北海道社会貢献賞, 2009年度緑化推進運動功労者内閣総理大臣表彰などを受賞している.

河畔林の再生は, シマフクロウの生息場所を確保することだけにとどまらない多面的な効果を持っている. 河畔林は川に流れ込む土砂を止めるバッフ

ァーとして機能し，水質を改善することに役立つ（Parkyn, 2004）．川の水が最終的に流れ込む根室湾の漁業にも，よい影響が出ることが期待できる．流域の重要な産業である酪農業にとっても，河畔林によって牧草地からの表土や肥料の流出が防がれることは，たいへん好ましい．虹別コロカムイの会に参加する多様な人々にとって，環境アイコンとしてのシマフクロウは活動の結節点であると同時に，じつは流域の多様な生態系サービスを高める活動のシンボルとして機能している．そして，流域の生活を支える一次産業の持続可能な発展こそ，虹別コロカムイの会のシマフクロウをアイコンとした活動の最終的な目標である．「西別川の流域で村の守り神『コタンコロカムイ』（シマフクロウ）の鳴き声がいつまでも聞かれ，日本一の鮭や牛乳が孫子の代まで川の流れのように続いてほしい（第12回シマフクロウの森づくり100年事業案内より）」という思いは，漁業者にも酪農家にも共通の目標となりうる．地域の基幹産業としての酪農と漁業をシマフクロウの保全を通じて振興するという視点が，会の結成以来まったく揺るぐことのない基本理念として，会員のなかに，そして流域の多様なステークホルダーの間に浸透してきたのである（佐藤，2015b）．

### （3）流域がつなぐ人々

　虹別コロカムイの会の活動は，すべて徹底したボランティア精神で運営されている．1994年に起草された虹別コロカムイの会の設立趣旨には，「私たちはシマフクロウの置かれている現状を憂慮し，少しでもシマフクロウが生存しやすい環境づくりのために，あらゆる努力を払う所存である．したがって，虹別コロカムイの会は営利や名声を求めず，ただひたすらシマフクロウのために奉仕することを目的とする諸活動を行う」と記されている．この言葉どおりに，なんら見返りを求めず活動に心血を注ぐ潔さに，ぼくも含めて多くの人々が惚れ込み，さまざまなかたちで活動を応援してきた．そのなかには，18年間にわたって苗木代を寄付し続けている三菱UFJ環境財団，10年以上も西別川の環境にかかわっている研究者，設立当初からの会員として虹別コロカムイの会の活動成果を報道し続けている前出の本間さんなど，息長く実質的な支援を行っている人や組織もある．なんら見返りを求めず長期的な活動を進める姿勢が，このような地域内外の支援をもたらし，流域に暮

らす多様な人々の共感を呼んでいる大きな要因にはちがいない．

　しかし，ぼくの目には，シマフクロウを環境アイコンとする活動が，当初から流域という広域的な視点を取り込んできたことが，これに匹敵する重要な役割を果たしてきたように見える．とくに沿岸の漁業者と内陸の酪農家のつながりは，流域という視点抜きにはありえなかったものにちがいない．流域全体にわたる多様なステークホルダーの協働の契機となったのは，1995年から100年事業の一環として10年間にわたって続いた「西別川流域コンサート」だった（佐藤，2015b）．舘会長が森づくりに関心の深いシンガー・ソングライターのしらいみちよさんと知り合ったのを契機に，1994年に標茶町でしらいさんを迎えて「西別川源流コンサート」が開催された．これに参加した別海町の漁業者が「つぎは河口コンサートを」と提案したことがきっかけとなって，翌年から1週間をかけて上流から下流まで流域全体の5カ所で開催される「西別川流域コンサート」が始まった．「摩周の鼓動を根室湾のホタテが聴いている」というキャッチフレーズを掲げたこのコンサートは，それぞれの地域に実行委員会を組織して，すべて地域の手づくりで開催されることが特徴で，これによって多様なステークホルダーの意識が大きく変化したと考えられる．上流で起こったことが下流に影響するという流域の特徴があるために，それまで酪農家の間には，自分たちが川を汚してきた張本人であり，生活のために木を切ってきた，という一種の引け目に似た感覚があったという．しかし，流域コンサートに参加することで，河畔林の再生によって土砂や牧草地からの肥料が川に流れ込むのを防ぐことができ，それが沿岸域を含む流域全体の再生につながるという理解が，人々に広く共有されていった．また，コンサートの会場では地元の特産物の抽選会を開催し，献上鮭，乳製品など，こだわりの地域産品が提供されて，これが地元の人々が地域の魅力を再認識するきっかけとなっていった．

　行政の間でも，町の境界を超えた連携が生まれていった．山の町は海のことを考えることなく，海沿いの町は山のことを考えないという限界を乗り越え，行政の境界を超えた連携を模索する動きが，虹別コロカムイの会という民間団体による，まったくボランタリーな活動を契機に拡大していったのである．2002年からは，西別川の水源である摩周湖を持つ弟子屈町と，流域の標茶町，別海町の3町が合同で「摩周・水・環境フォーラム」を開催し，

西別川流域のさまざまな課題に関する専門家の講演を通じて，地域の課題に直結する科学知を取り込む動きが継続している．また，2004年には3町によって摩周水系西別川流域連絡協議会が組織され，さまざまな協働の基盤となっている（佐藤，2015b）．

虹別コロカムイの会の活動は，20年を超えて継続しながら，地域社会が直面するさまざまな課題に対応して，ますますダイナミックな展開を遂げている．2014年には，虹別コロカムイの会と標茶町との間で，伐採適期を迎えた広大な町有カラマツ林を順次皆伐し，その跡地を広葉樹林として再生するために，100年事業による植樹に提供するという協定が結ばれた（図3.16）．行政との連携が新しい段階を迎え，虹別コロカムイの会の地域社会における役割がますます重要性を増していくことになるだろう．河畔林の植樹だけでなく，河川環境の再生に向けた取り組みも始まっている．西別川流域では，増加し続けるエゾジカが，雪に閉ざされた冬の間，河川に繁茂するバイカモを捕食するという現象が起こってきた．バイカモは清流を好む水草で，夏から秋にかけて白い花を水中につけることで親しまれている．西別川流域で，シマフクロウ，サケと並んで，清流の生態系サービスを象徴する環境アイコンとしてのポテンシャルを備えているものと考えられる．エゾジカによるバイカモの食害を防ぐために，大橋さんたちはバイカモの密生地を選んで水面を中古の漁網で覆うという技術を開発し，2014年からその食害防止効果を検証する実験を進めている（図3.17）．この技術を活用してバイカモの保護活動を展開することができれば，河畔林の再生に加えて，新たな地域ぐるみの活動が生まれ，それがさらに多様なステークホルダーの参加の契機となる可能性がある．このような流域社会のダイナミックな動きは，流域の多様な生態系サービスにかかわるシマフクロウなどの環境アイコンと，息の長い活動を通じて流域全体の人々をつないできた虹別コロカムイの会によって支えられている．虹別コロカムイの会で中心的な役割を果たしている舘会長や大橋さんは，多様なステークホルダーの間での流域という視点の共有を促す知識のトランスレーターとして機能してきた（佐藤，2014a，2015b）．地域の基幹産業である酪農，漁業を未来永劫にわたって存続させたいという明瞭なビジョンを基礎に，一次産業を支える河畔林と流域環境の再生にかかわる多様な知識技術を生産するだけでなく，それが流域の酪農家，漁業者，

図 3.16　2014 年のシマフクロウの森づくり 100 年事業植樹祭のようす．広大な伐採跡地に植樹が進められている．

図 3.17　バイカモに対するエゾジカなどによる食害を防ぐために開発された保護ネット．生業のなかで培われた技術が活かされている．

さまざまな立場の住民に共有されることを，協働活動を通じて促している．このような環境アイコンをめぐる知識のトランスレーターの働きによって，流域環境の再生と持続可能な地域づくりに向けたダイナミックな活動が活性化されていくのだろう．

## 3.5 環境アイコンをつくりだす
── 長野大学の里山再生ツールキット

### （1）環境アイコンが紡ぐ物語

　地域の日常生活に深く根差した生態系サービスの利活用などを通じて，ぼくたちは自然とのかかわりを育んできた．この関係性が，現在の社会，経済，文化的な状況のなかで希薄となったことが，各地の地域環境にかかわる問題の根底に横たわっているように思える．地域の生態系サービスを象徴する多様な環境アイコンは，これまで見てきたように，急速に変化する現代社会の状況のなかで，人と自然の関係をつなぎ直すことに重要な役割を果たしている．サンゴ礁，コウノトリ，佐久鯉，そしてシマフクロウをめぐって，新しい人と自然のかかわりが再生され，そのプロセスにかかわった多様なステークホルダーの間で新たな物語が生まれ共有されていくことによって，さまざまな地域ぐるみのアクションが生まれるのである．環境アイコンとしての生き物や生態系の性質は，人間が定めた行政の境界には縛られないので，ときにはその活動はシマフクロウのように広域的なアクションを生み出すこともある．環境アイコンが生まれ，活用されていく過程は，新しい物語を紡ぎ出し，地域の多様なステークホルダーの間で，さらには地域社会の枠を超えて共有していくプロセスにほかならない．

　これまで見てきた事例では，長い時間をかけて培われてきた地域資源としての生態系サービスの利用を通じて，環境アイコンに対する人々の深い愛着や誇りが生まれ，それを基盤として環境アイコンを活かした活動が展開されてきた．過去の人と自然の深いかかわりが前提となっているように思える．もしかするとこのような過去の蓄積が希薄でも，現代社会のなかで自然とのかかわりに関する新しい物語を紡ぎ，環境アイコンをつくりだしていくことができるのではないか．つまり，現在進行形の，あるいはこれから始まるさまざまな人と自然のかかわりの再構築のプロセスによって，新しい環境アイコン活用の物語を紡ぎ出すことができるかもしれない．

　2006年にぼくは，長野県上田市の塩田平と呼ばれる盆地にある長野大学に赴任した．これが佐久鯉の再生活動という魅力的な活動にかかわるきっか

けだった．長野大学は「地域社会との密接な結びつきにより学問理論の生活化を目指す」ことを設立の理念に掲げ，レジデント型研究機関として，地域社会に密着した研究と教育を通じて地域の課題の解決に貢献することを目指してきた．ぼくが赴任した環境ツーリズム学部は，豊かな信州の自然環境を活かし，地域のさまざまなステークホルダーと協働して，生態系サービスの持続可能な活用を担う人材育成と研究を行うことを目指して新設されたばかりの，今から思えばトランスディシプリナリー・アプローチを先取りするような理念を掲げた学部だった．佐久鯉の再生活動にかかわることと並行して，ぼくはレジデント型研究者として，長野大学の地元の塩田平で，周辺に広がる豊かな里山の生態系サービスを活かした地域づくりのあり方を検討していくことにした．長野大学周辺の里山には，さまざまな自然資源の利用の歴史があり，地域特有の資源利用文化も息づいていたが，自然環境としてはごくありふれたもので，生物種アイコン，生態系アイコンとして活用できそうな素材は見当たらない．社会的アイコンとしても，佐久鯉に匹敵するような，多様な人々の愛着と誇りの結節点となるようなものは見つからなかった．そこでぼくは，ほぼ同時期に環境ツーリズム学部に赴任した若い2人の生態学者，森林生態学の高橋一秋さんと河川生態学の高橋大輔さんとともに，里山の新たな価値を創出し，共有することを通じた環境アイコンの創出に取り組むことをたくらんだ．どこにでもあるありふれた里山の生態系サービスを，新しい視点から活用していくことを通じて，環境アイコンとしての新たな物語を紡ぎ，共有していこうと考えたのである．

　第2章で述べたように，里山は日本の中山間地を代表する景観であり，人々が日々の営みを通じて自然と密接にかかわることで，多様な生態系のモザイクが維持され，豊かな生物多様性と生態系サービスを育んできた（国際連合大学高等研究所日本の里山里海評価委員会，2012）．里山は人間活動によって形成された森林，農地，水辺などからなる生態系であり，人手が加わることで，人間生活も自然も豊かになるという相互作用を促すポテンシャルを持っている．人と自然を切り離すのではなく，里山という視点から積極的に管理することを通じて，人間による利用を通じた新しい自然とのかかわり方を提案することができるはずである．しかし，ライフスタイルの変化にともなって里山と人々のかかわりは薄れ，管理の手が行き届かなくなることで，

各地の里山生態系は疲弊してきた．エネルギー資源，農業資源，食料資源としての里山の価値が失われたことが，里山に対する関心を薄れさせ，人と自然のかかわりが失われていった．地域の多様なステークホルダーと協働して積極的に里山の自然とかかわり，さまざまな新しい里山資源の利用のあり方を見つけ出していくことができれば，現代社会に通じる里山の新しい価値を創出し，環境アイコンとして共有していくことができるにちがいない．このような里山の環境アイコンとしての活用を通じて，地域の持続可能な開発につながるアクションを活性化することができるだろう．さらに，里山の疲弊は広域的な課題なのだから，里山再生の物語は特定の地域社会にとどまらず，シマフクロウのように，地域の枠を超えた広域的な協働を促すこともできるかもしれない．このように考えて，ぼくたちは新しい環境アイコンをつくりだすという大それた実験に取り組むことにした．

## （2）里山再生ツールキット

　幸いなことに，長野大学の敷地内には，6.5 ha のまったく利用されていない疲弊した森があった．面積としては小さなものだが，クヌギを中心とした広葉樹林，アカマツの針葉樹林，草地，低湿地がモザイク状に分布し，さまざまな生態系サービスを創出できるポテンシャルがあった．この森は 1950 年に長野大学が設立されたときに，地域の人々の所有林を譲り受けたもので，人々にとって愛着ある森ではあったが，ぼくたちが赴任するまでは，大学としてこの森を積極的に活用しようという動きはなかった．研究室から徒歩 5 分で森にたどりつくという恵まれた環境で，さまざまな里山の森の利活用のための実験を行うことができるのだから，これを活用しない手はない．ぼくたちはこの森を「長野大学恵みの森」と名づけ，生態系サービスを意識的に創出，可視化することを通じて里山の新たな価値の創生を目指す，「長野大学恵みの森再生プロジェクト」を開始した（長野大学，2007；図 3.18）．

　里山の生態系サービスを現代社会に通じるかたちで利用するためには，さまざまなアイデアと技術が必要である．ぼくたちは，地域の人々が培ってきた里山の資源利用に関する知識に生態学者としての新しい視点を付加することで，多様な里山生態系サービスを活用するための技術を開発しようと考えた．しかし，各地の里山の生態系と環境条件はきわめて多様であり，地域の

人々と里山のかかわりの歴史や文化も大きく異なっている．塩田平で開発した技術が，ほかの地域でも受け入れられ，活用される保証はまったくない．そもそも，地域の人々が培ってきた資源利用のあり方と生態学者の視点を融合するというアプローチで，現代社会に通じる生態系サービスの価値が創出できるかどうかもよくわからない．里山再生という現実社会の課題に駆動された領域融合的な研究は，当然ながらいつも，このような不確実性への対応を必要とする．ぼくたちはこの難題に対して，里山の新たな価値の創出と持続可能な利用に役立つと考えられるさまざまなツールを用意し，それをひとまとめにして提供できる「里山再生ツールキット」として整備することを思いついた．里山生態系の多様な生態系サービスのなかで，基本的な生態系機能を損なわないかたちで，供給サービスや文化的サービスを利用した地域社会の持続可能な開発を促すポテンシャルを持つツールを，可能な限りたくさん創出し，さまざまな地域社会の状況や背景に応じて，地域のステークホルダーがそのどれかを選んで活用できる選択肢を提供しようというアイデアである．ぼくたちにはツールキットのなかのどのツールが，特定の地域でほんとうに役に立つかどうかはわからない．多様なツールがあることで，そのどれかがほんとうに活用できる可能性を高めようと考えたのである．

図 3.18　長野大学の敷地内の森を新たな里山として再生することを目指し，「長野大学恵みの森再生プロジェクト」が2007 年から始まった．

2008年から文部科学省「質の高い大学教育推進プログラム」の支援を受けて，ぼくたちは地域のステークホルダーと協働した学生教育カリキュラム「森の恵みクリエイター養成講座」の一環として，里山再生のための多様なツールの開発を本格的に開始した（長野大学，2008，2011）．供給サービスとしてぼくたちが最初に思いついたのは，塩田平でも，それ以外の地域の里山でも利用されている野生果樹を意図的に増やすというツールだった．クヌギ林に自生しうる野生のフルーツには，サルナシ，ナツハゼ，ヤマブドウ，ウワミズザクラなどがある．高橋一秋さんが中心になって7種の野生果樹の苗木を地元で調達し，森林内に植樹して，その果実をジャムなどに利用することを目指した．果樹は果実を食べる鳥や動物を誘引し，鳥類などによる種子散布を促すことで，生物多様性を豊かにする効果が期待できる．また，バードウォッチングなどの文化的サービスの創出にもつながる．このように，ターゲットとなる生態系サービスだけでなく，それ以外の副次的な生態系サービスを重層的に強化できることが，ぼくたちが開発したすべてのツールに共通する特徴だった．当然のなりゆきとして，果樹に集まる鳥のために巣箱をかけようというアイデアが生まれ，それが後に述べるバードウォッチングプログラムの開発につながっていった．このアプローチは有望に思えたが，果樹生産の部分はみごとに失敗した．塩田平は年間降水量がわずか800 mmという，日本でも有数の少雨地帯である．夏季の渇水があると，こういった果樹の多くは枯れてしまった．しかし，このアイデアはもっと水に恵まれた環境では十分に実現可能であり，ほかの地域での検証を通じて技術として成熟していくことが期待できる．また，長野大学周辺の50 km圏内に由来する地域性種苗を植えるというアプローチを採用したことも，重要な特徴だった．植物の遺伝的な攪乱を避けるという意味だけでなく，身近な地域の資源を活用することで，地域で眠っている森林資源を可視化することを通じた身近な森への愛着と誇りを強化し，環境アイコンとしての物語を紡ぎ出すことを狙ったのである．

　里山の広葉樹林の落ち葉は，古くから堆肥として活用されてきた．広葉樹の落ち葉の堆肥は，現代社会においても，ガーデニングのための良質の肥料として活用できる．ぼくたちは，堆肥を森のなかで生産することによって，副次的な生態系サービスを創出することを試みた（図3.19）．森のなかに落

図 3.19　森のなかで堆肥をつくり，生態系の多様性を創出する試み．さまざまな試行錯誤を重ね，技術開発を行った．

ち葉が深くたまった場所ができることで，カブトムシの幼虫やさまざまな土壌動物の生息場所を創出できる．落ち葉を除去した場所では，さまざまな春植物の芽生えが期待できる．この技術と，周辺の広葉樹の樹皮に傷をつけて樹液を出させ，昆虫を誘引する技術を組み合わせて，昆虫採集という文化的サービスの資源を整えることを試みた．森林内での堆肥生産の技術は，さまざまな試行錯誤の繰り返しだった．地面に直接穴を掘るやり方は，カブトムシの幼虫やミミズがアナグマやタヌキに捕食されるうえに，大雨の際に水没するという問題があった．コンパネで枠をつくり，そのなかで堆肥をつくることでこの課題は解決されたが，今度は地下を通ってやってくるモグラの食害に悩まされた．これは底にモグラ防止用のネットを張ることで解決できた．こうして堆肥生産と昆虫採集のための森づくりをセットにした新しい生態系サービスの活用技術が開発され，現在ではほぼ完成の域に達している．

　雨の少ない塩田平には，多くのため池がある．森林内にも古くから小さなため池がつくられ，下流の田畑を潤してきた．少雨地域に特有のこのため池文化は，塩田平の特徴のひとつであり，地域のステークホルダーの間には，ため池の建設と維持管理，さらには水資源の分配に関する多様な知識技術が継承されている．恵みの森には，降雨の後に水がたまり，小さな流れができ

**図 3.20** 在来のため池づくりの技術を活かして森のなかに水辺を創出する試み．水辺はさまざまな生き物の新しい生息場所となる（撮影：高橋大輔）．

る低湿地がある．ぼくたちは，高橋大輔さんを中心に地域に伝承されているため池づくりの技術を活用して，この低湿地に小さなため池を造成することにした．森のなかに水辺ができることで生態系のモザイクに新しい要素が加わり，植物や動物の多様性が向上する．地域に継承されてきたため池の土手づくりの技術や管理技術を活用することで，地域のステークホルダーの里山環境に対するかかわりを再構築できるかもしれない．水辺は環境教育やレクリエーションなどの文化的サービスも提供できる．また，ため池の造成と管理のプロセス自体が，楽しみながら里山再生に参加できる機会になり，地域への愛着や誇りを強化することにもなるだろう．高橋大輔さんと学生たちが，地域の人々のアドバイスをもとにつくりあげた小さなため池には，さまざまな水生昆虫やカエルなどがすみつき，水辺には湿地を好むイグサなどの植物が繁茂している（図3.20）．新しい水辺の出現にともなう生態系の変化を学生たちがモニターすることで，環境教育への活用が始まっている．

里山再生ツールキットの開発と応用にともなって，恵みの森の里山生態系はダイナミックな変化を始めている．現代の技術を用いれば，このような変化を映像などでとらえ，インターネットを介して広く共有することはむずかしいことではない．ぼくたちは恵みの森にLAN環境を整備し，ネットワー

クカメラなどを通じて森のようすをリアルタイムで発信するシステムを整備することにした．物理的に森に足を運ぶことがむずかしい遠隔地の人々や高齢者に，自然とのかかわりを構築するためのチャンネルを提供し，文化的サービスの活用の新しい可能性を拓くツールである．こうして蓄積された興味深い映像や写真の資料は，恵みの森ウェブサイトで公開されている（長野大学，2008）．このようにして，さまざまな里山再生のためのツールを開発して活用していく試みは，里山の生態系サービスの創生と可視化を通じて，人と自然の新しいかかわりをつくりだしてきた．こういった取り組みを息長く続けていくなかで里山再生の物語が紡がれ共有されていくことで，恵みの森の里山が新たな環境アイコンとしての機能を獲得していくことが期待できるだろう．

### （3）ステークホルダーとしての学生

大学の敷地内の森という限られた環境で，里山再生のツールを磨きあげていく活動は，地域のステークホルダーの目から見ると，直接的なインパクトが感じられるものではない．開発された技術の評価も，当然ながら賛否両論が渦巻くことになる．しかし，小さな大学とはいえ，地域のレジデント型研究機関としてのこのような試みは，じつはステークホルダーとしての学生の関与を通じて，地域社会に潜在的に大きなインパクトを与えることができると考えられる．高齢化が進行する塩田平の周辺地域では，長野大学の学生は貴重な若年世代である．学生は少なくとも4年間の在学期間は，地域のステークホルダーとして里山生態系サービスの創出と活用に一定の役割を果たしているはずである．卒業後もこの地域にとどまるものも少数ながら存在するし，出身地やほかの地域に転出しても，恵みの森での里山再生の経験を活かして，持続可能な地域づくりの一翼を担うことができるかもしれない．恵みの森における里山再生ツールキット開発の試みは，ステークホルダーとしての学生の参加を得て，環境アイコンの活用による持続可能な地域づくりを担う人材育成の場という機能を獲得することになった．地域の課題解決を担うことができる若い世代の育成は，レジデント型研究機関としての大学のきわめて重要な機能だと考えることができるだろう．

学生をステークホルダーとして位置づけ，学生との相互作用を通じて環境

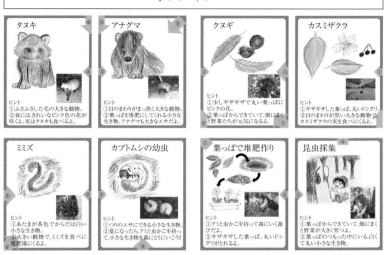

**図 3.21** 学生が開発したカードゲーム．堆肥場に集まる生き物と人のかかわりを学ぶことができる（作成：柳貴洋）．

アイコンの創出と活用に取り組むことは，実際には人材育成という側面以上の大きな意味を持っていた．新たな知識技術の開発という面でも，学生というステークホルダーの参加が大きなインパクトを持つことになったのである．学生たちは，ぼくたちのような生態学者が持ち合わせていない柔軟な発想やアイデアを持っている．学生の視点と関心をきっかけとして，ツールキットは当初の予想をはるかに超えた興味深い発展を遂げることになった．まず始まったのが，里山再生の取り組みのなかで活用できる新しい文化的サービスとしての，ネイチャーゲームの開発である．地域の子どもたちを対象に里山づくりの活動を行ってきた学生サークルのメンバーが中心になって，子どもたちを招いて実施する植樹祭などのイベントに活用できる，恵みの森の自然を題材としたクイズやカードゲームを用いた，アイスブレーキングのプログラム開発が進んだのである．植樹する野生果樹について，植物の名称や花や実の特徴と，果樹の利用法などについて楽しみながら学ぶカードゲームや，堆肥場を利用するさまざまな生物の相互関係を学ぶプログラムがつくられ，

実際のイベントでの試行を通じて改善されていった（図3.21）．これらのゲームやプログラムは，里山を活用したエコツアーの現場で実際に利用できる完成度に達している．野鳥に興味を持つ学生たちによって，バードウォッチングのプログラムの開発も進んだ．目視観察に加えてセンサーカメラなども活用して，恵みの森で見ることができる野鳥の詳細なリストがつくられ，ペットボトルなどの身近な素材を用いた，多様な野鳥の採餌生態に対応したバードフィーダーや，手づくりの野鳥観察テントなどの技術開発が進んだ（図3.22）．近隣で実施されているバードウォッチングプログラムを詳細に評価して，それを基礎として，これらの技術を活用した恵みの森に適したバードウォッチングのプログラムがつくられ，近隣の小学生を対象に試行されている．また，恵みの森で見られる野鳥のガイドブックと，鳴き声を収録したCDなど，バードウォッチングに活用できる基礎資料も整備された．このほかにも，ニホンミツバチの養蜂とハチミツを使った新たな地域産品開発の試みや，恵みの森の植物を使った草木染の現代のニーズに合わせた活用技術の開発，オオムラサキの幼虫の食草であるエノキを森林内に植栽することによるオオムラサキを環境アイコンとした住民参加型の里山再生の提案など，じつに多様な生態系サービス活用のアイデアが学生のなかから生まれ，恵みの森で実際にテストされている．

図3.22　バードフィーダーとセンサーカメラ．バードウォッチングプログラム開発の一環として学生が考案した．

大学が所有する小さな里山の森を舞台に展開されている里山再生の試みは，ゆっくりと，だが着実に，里山生態系サービスの新たな可能性を可視化し，具体的なアクションを通じて共有可能な価値をつくりだしてきた．学生を中心とした地域のステークホルダーが，里山の生態系サービスの潜在的価値を高めるという目標を緩やかに共有し，里山という環境アイコンを活かした持続可能な地域づくりの取り組みの物語を紡ぎ出している．長野大学という小さなレジデント型研究機関が生産した里山再生ツールキットという知識技術は，そのプロセスを駆動する知識基盤として機能している．ぼくたちが目指してきたレジデント型研究者と地域のステークホルダーの協働による生態系サービス活用の試みは，里山というありふれた自然が，環境アイコンとしての新しい機能を獲得していくプロセスだった．ツールキットというかたちで里山再生のための多様な選択肢を提供することが，そのプロセスを駆動してきたように思える．里山再生ツールキットの開発という試みは，それ自体が新たな環境アイコンの創出と活用の物語となり，持続可能な地域づくりを支えていくことができるだろう．

# 第4章　アメリカのコロンビア川
——サケをめぐる多様な人々

## 4.1　地域社会のリアリティ

### （1）地域社会の複雑性と多様性

　各地の多様なステークホルダーによる地域環境の再生に向けたさまざまな取り組みを，レジデント型研究者・知識の双方向トランスレーターの働きを中心に調べていくなかで，さまざまな立場や利害・課題を持つ人々が，アクションを起こす際になんらかの共通の価値を見出し，目標として緩やかに共有できる存在として，環境アイコンの重要性が浮き彫りになっていった．しかし，これまで見てきた事例はほんとうに氷山の一角であり，同じような動きは世界各地で，異なる社会条件，環境条件のもとで，さまざまなかたちで起こっているにちがいない．こういった事例を集め，地域環境の持続可能な利用と管理に向けた人々のダイナミックな活動をくわしく調べていくことで，レジデント型研究者や知識のトランスレーターが地域社会のなかで果たす役割と，環境アイコンなど生態系サービスにかかわる共有可能な価値を中心として多様なステークホルダーの協働が生まれる仕組みを，くわしく理解することができるかもしれない．それによって，世界各地の地域社会が直面しているさまざまな課題の解決に貢献できる科学のあり方，科学を使いこなす社会のあり方を探ることができるのではないか．このような発想から，ぼくはアフリカだけでなく欧米諸国やほかの開発途上国など，世界各地の地域社会に視野を広げていった．

　しかし，いざ世界に目を向けてみると，各地の社会の複雑性，多様性にあらためて直面することになる．これまで見てきた事例からだけでも，地域の

## 4.1 地域社会のリアリティ

課題にかかわるステークホルダーはきわめて多様であり，その相互関係はたいへん複雑であることはすでにはっきりしていた．しかも，地域社会という単位について考えてみるだけでも，地理的な区分や課題解決にかかわるステークホルダーの範囲は，そもそも定義すること自体がむずかしい．白保のような集落を単位として考えるか，あるいは複数の自治体にまたがる西別川流域といった広域的な単位を設定すべきなのか，簡単に決めるわけにはいかないのである．この点に関しては，おそらく，多様な地域のステークホルダーが重要なものとして認識している課題に応じて，地理的な境界とステークホルダーの範囲がダイナミックに決まっていくと考えるべきだろう．

こうして地域社会とステークホルダーの範囲をなんとか定めることができたとしても，個々の地域社会を外部とは隔絶された閉じた単位として扱うのは現実的ではない．地域社会は外部からのさまざまな影響にさらされる開放系であり，地域社会の内部で起こるさまざまな社会的な，あるいは環境にかかわる変化に加えて，経済のグローバル化の影響，人口構造の変化，あるいは人間活動に起因する気候変動の影響など，広域的な，さらにはグローバルな変化にもさらされている．政治や経済などの広域的な変化の影響，環境保護とか生物多様性保全などの言説や制度，さらにはその基礎となる科学的な知識や予測も，地域社会に強い影響力を持っている．近代化のプロセスのなかで，地域外からの影響力の大きさも，影響が現れる速度も，ますます大きくなっているように見える．このような外部からの影響に対する反応もまた，それぞれの地域社会が置かれた状況や，さまざまなステークホルダーの立場や利害に対応して，きわめて多様なかたちをとることになる．根本的な原因は共通でも，それに対してどのように対応し，どのようなかたちで地域の持続可能な開発を実現していくかという課題の解決策は，それぞれの地域社会とステークホルダーが直面する固有の状況に応じて異なっているにちがいない（佐藤，2013a）．地域の課題解決に取り組むステークホルダーは，さまざまな地域外からの影響を取り込み，飼いならし，自らの意思決定システムや規範のなかに埋め込んで，柔軟に活用している．それだけでなく，このような地域の内発的な動きは，西別川流域で起こっている自治体間の連携のように，広域的な意思決定に多様な影響を与え，ダイナミックな変容を引き起こしている．地域の枠を超えた多様なスケールの間で起こっているさまざまな

相互作用が，地域だけでなく広域的，ときにはグローバルなインパクトを持つことがあるのだ．地域社会に固有の環境問題解決のために，そしてグローバルな課題のボトムアップの解決のために，地域のステークホルダーによる主体的な活動と，それを支える知識基盤が重要であることは，今や疑いようがない．地域内外のさまざまな相互作用を前提として，地域の現状に即して総合的な知識基盤が継続的に生産・活用されていく仕組みを広域的なシステムとして理解して，科学と社会の望ましい関係を考えていくことが不可欠なのである．

### (2) 地域社会の現実のなかでの協働

　地域社会の課題の解決を目指して相互作用している多様なステークホルダーの関係についても，ぼくたちはともすると，地域社会の現実を単純化しすぎて見てしまうことがある．第2章，第3章で見てきたように，レジデント型研究者・トランスレーターが活躍し，環境アイコンを核としてさまざまな協働活動が活性化しているように見える多くの事例は，うっかりすると，多様なステークホルダーが環境アイコンの価値を共有し，合意にもとづいて一丸となって協働しているという玉虫色の世界に見えてしまう．しかし，現実の地域社会は合意にもとづく協働などといった予定調和的な見方で把握しきれるものではない．実際に地域社会の現場で活動しているレジデント型研究者，トランスレーター，知識ユーザーである多様なステークホルダーの視点や考え方，アプローチに接していくと，現実の社会で起こっている動きの，複雑な実態が見えてくる．

　石垣島白保でも，兵庫県豊岡市でも，レジデント型研究者・トランスレーターは環境アイコンとしてのサンゴ礁やコウノトリの価値を可視化し，多様なステークホルダーの間での共有を促し，さまざまな協働活動を活性化することに重要な役割を果たしている．しかし，それは一朝一夕に実現できたことではなく，すべてのステークホルダーによって理解され，支持されているわけでもない．環境アイコンにどのような価値を見出すかは，個々のステークホルダーの立場や利害，価値観によってきわめて多様であり，当然ながらレジデント型研究者が主張する価値ともさまざまなズレを持っている．環境アイコンをめぐって，多様なステークホルダーの思惑が入り乱れ相互作用す

るなかで，レジデント型研究者に対しても，ほかの立場をとるステークホルダーに対しても，不満や批判が噴出することは日常だ．レジデント型研究者やトランスレーターは，そのプロセスのなかで立場や役割をダイナミックに変化させながら，その時々の立ち位置やほかのステークホルダーとの相互作用を通じて，それぞれの状況で果たしうる役割を果たしている．こういったぎくしゃくした離齬や不満を抱えながら，それでも地域全体として，一定の方向性に沿った動きが起こり，それによって持続可能な社会の構築というひとつの価値観から見たときに，ダイナミックな変化が継続的に起こっている，という状態が，これまで見てきた事例に共通するメカニズムのようである．地域社会のなかに意見のちがいや対立があることは当然であり，それでも多様な協働が実現して地域の課題の解決に向けた社会の変化が起こるのである．これは，みんなが同じことに価値を見出し，その価値の実現が重要であることに同意して，さまざまな協働を実現しているという状態とはまったくちがう．むしろ，環境アイコンという価値を，研究者や専門家を含むそれぞれのステークホルダーが自分自身の立場から解釈し，自分自身に引き寄せたアクションを起こすことで，ほかのステークホルダーとの多様な相互作用が発生し，結果として社会全体の変化の方向性が生まれていると見なすことができるだろう．共有可能な目標を緩やかに共有しながら，それぞれのステークホルダーが独自の判断と意思決定にもとづいてアクションを起こすことが，複雑な相互作用を通じて社会全体の動きをつくりだすというメカニズムは，複雑系科学の領域で議論されてきた自己組織化の過程とたいへんよく似ている（Folke *et al*., 2005）．ぼくたちは，地域社会という複雑系の動きを，科学と社会のかかわりを基礎とした自己組織化という視点から理解しようという，大胆な試みを行っているのかもしれない．

　地域社会の内部にとどまらず，国家や国際組織などの広域的な主体を含む地域内外のきわめて多様なステークホルダーが相互作用するなかで，さまざまな立場や利害が入り乱れ，おたがいのちがいや意見の離齬があっても，地域社会としてダイナミックな活動が継続していく．このようなきわめて複雑なシステムのふるまいを理解しようと思うと，これまで見てきたような事例は空間的にも狭いし，ステークホルダーの多様性と複雑性も十分ではないような気がしてくる．むしろ予定調和的な合意と協働が起こっているという錯

覚に陥りやすいような事例を，ぼくは好んで探し求めてきたのかもしれない．ならば，空間的にこれまでに見たことがない広大な規模を持ち，生態系としても社会としても複雑きわまりない地域で，地域内外のきわめて多様なステークホルダーがときには鋭く対立しながら，それでも地域社会がダイナミックに動いて，持続可能な社会の実現に向かって変容しつつあるようなケースはないだろうか．これまで比較的狭い地域社会で見てきたメカニズムが，こういった大きなスケールの事例にもあてはまるのか，あるいはスケールと複雑性が増せばまったく異なる仕組みが必要なのか，ぜひ確認してみたい．世界に視野を広げ，このような視点から新しい事例を求めていたときに，ぼくは米国・コロンビア川流域に出会うことになった．

### (3) コロンビア川流域という複雑系

コロンビア川は，カナダ・ブリティッシュコロンビア州のロッキー山脈を水源として，米国ワシントン州とオレゴン州の州境を流れ，オレゴン州アストリアで太平洋に注ぐ，全長およそ 2000 km におよぶ大河だ（図 4.1）．大小さまざまな 60 以上の支流も含めると，流域面積は 66 万 8000 km$^2$ もある．といってもピンとこないので，日本の河川と比較してみよう．日本最大の長さを誇る信濃川は，全長 357 km，流域面積は 1 万 2000 km$^2$ だ．実際のところ，コロンビア川の流域面積は日本全体の面積（37 万 8000 km$^2$）よりもはるかに大きい．コロンビア川の最大の支流はアイダホ州に水源を持つスネーク川で，その流域面積はアイダホ州全体よりも大きい 28 万 km$^2$ である．コロンビア川の流量は年間 2100 億 km$^3$ で，信濃川の年間流量 153 億 km$^3$ に比べるとこれまた桁違いに大きい．

コロンビア川流域，とくに米国内の中流から下流域は，人間活動によって大きく改変されてきた．1938 年に河口近くのオレゴン州ポートランド市から 64 km 上流の地点に完成したボンネビル・ダムに始まって（図 4.2），つぎつぎに大型の発電用ダムが建設され，現在では本流の下流部とスネーク川下流部に 8 基，本流全体では 18 基の発電用ダムがある（図 4.3）．そのほか大小の発電および灌漑用のダムは，流域全体で 1000 基以上にのぼる（Federal Columbia River Power System, 2001）．本流のダムは，米国北西部に電力を供給すると同時に，船舶の通行のための閘門を備え，長年にわたってコ

**図 4.1** カナダと米国北西部にまたがる広大な流域を持つコロンビア川.（http://ilekproject.org/columbia/）

**図 4.2** コロンビア川本流に最初に建設されたボンネビル・ダムは，発電用ダムとして北米太平洋岸の広い地域に電力を供給している.

138　第4章　アメリカのコロンビア川——サケをめぐる多様な人々

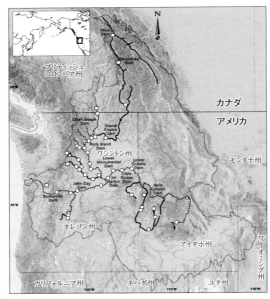

**図 4.3**　コロンビア川流域のおもなダムの分布．サケ科魚類の移動の障害となるダムは，コロンビア川の生態系を大きく変化させてきた．○：魚道などサケの移動を保証する施設があるダム，□：魚道などがないダム，△：魚道はあるが，魚が通過できているかどうか不明なダム，……：現在のベニザケの生息域，――：過去のベニザケの生息域．
(https://indigenousportland.files.wordpress.com/2011/07/crb_dams_stateofsalmon.jpg を改変)

ロンビア川の河川物流を支える重要な機能を果たしている．しかし，これらのダムの建設と沿岸の開発，農地の拡大などが原因で，サケ科魚類など川と海を回遊する魚類の生息環境が大きく改変され，サケ資源が激減してきたとされている．そして，現在では流域全体を通じて，サケ科魚類を環境アイコンとして，きわめて多様なステークホルダーによる，河川環境再生に向けた多様なアクションが展開されている．また州政府・連邦政府の法制度や政策が地域の動きに大きな影響を与え，連邦機関などの広域的なステークホルダーと地域のステークホルダーの間にも複雑な相互作用が発生している．そこでは立場や課題，重視している価値などが大きく異なるステークホルダーの間で鋭い意見の対立がありながら，そのちがいが解消されなくても，サケ科魚類の生息環境の整備に向けたさまざまな動きを継続していくことが可能に

なっているように見える．たいへん大きな空間スケールにまたがる多様なステークホルダーの相互作用が織りなす大規模な複雑系のなかで，河川環境再生に向けた人々の協働と多面的なアクションが創発しているのである．

ぼくとコロンビア川との出会いは，ほかのさまざまな地域とのかかわりと同じように，人との出会いから始まった．長野大学に勤務していた2007年に，米国ワシントン州南東部のコロンビア川流域の小都市ワラワラにあるホイットマン大学との学生交流が始まった．この交流を通じて，ホイットマン大学のアキラ・タケモトさんと知り合ったのが，そもそもの始まりだった．タケモトさんは日系三世の日本美術と文学の専門家だが，日本の里山概念に深く共感し，人々の生活文化を支える里山生態系の観点から環境科学との接点を求めていた．多くの点で共通する視点と関心を持つタケモトさんと，ぼくはたちまち意気投合した．タケモトさんを頼りに2007年10月にワラワラ市を訪問し，コロンビア川の中流・下流域で，さまざまなステークホルダーとレジデント型および訪問型研究者によって展開されているサケ科魚類の再生に向けた多様な研究と活動に接したことが発端となって，その後現在まで続くぼくとコロンビア川流域のかかわりが生まれた．もちろん，広大なコロンビア川流域全体にわたって詳細な調査を進めることは無理な相談だが，ワラワラ市を中心に，中流・下流域を毎年のように訪問し，タケモトさんの人脈を出発点として，芋づる式に数百kmにおよぶ範囲の多様な知識生産者，トランスレーター，ステークホルダーに出会い，その活動に接することで，ぼくは広域的なスケールで実際に起こっている複雑なシステムのふるまいについて，フィールドの現場で実態を把握し，多様なステークホルダーとの相互作用を通じて，それぞれの立場や利害，価値観を理解する機会を得ることができた．この経験を通じてぼくは，科学と社会の広域的かつ複雑なかかわりについて，新しい視点とアイデアを獲得することになった．

## 4.2 環境アイコンとしてのサケ

### (1) サケ科魚類の価値

コロンビア川は，サケ科魚類の遡上に関しては世界有数の規模を誇ってき

第4章　アメリカのコロンビア川——サケをめぐる多様な人々

図 4.4　スチールヘッド（コロンビア川の支流，ヤキマ川のローザ・ダムで撮影）．降海型のニジマスで，たいへんおいしい．

た．日本の河川では，遡上するサケの大半はシロザケだが，コロンビア川ではベニザケ，キングサーモン，ギンザケ，シロザケ，スチールヘッド（ニジマスの降海型）の5種が遡上する（Augerot, 2005）．これらの種はそれぞれ遡上する時期が異なり，たとえばギンザケは秋に集中して遡上し，スチールヘッドは一年中遡上するが，最盛期は夏である（図4.4）．また，キングサーモンには春に遡上してそのまま川にとどまり秋に産卵する春遡上群と，夏および秋に遡上して産卵する夏遡上群と秋遡上群がいる．かつてはコロンビア川全体で年間1500万尾から2000万尾のサケ科魚類が遡上・産卵していたという．

　遡上するサケは，アメリカ先住民だけでなく，開拓者にとっても貴重な食料資源だった．人々は人種や階層にかかわらず，サケ資源の恩恵を古くから享受してきた．コロンビア川流域を初夏に訪問すると，春遡上群のキングサーモンを味わうことができる．秋に産卵するまでに必要な栄養を蓄えたキングサーモンの，程よい脂と豊かな風味はまさに絶品で，ぼくがもっとも好きなサケのひとつだ．しかし，このサケ資源は20世紀後半に急激に減少した．その原因は複合的で，①ダムによる遡上と流下の阻害，②流域の開発による産卵場所と稚魚の生息環境の改変，③海域と河川内の漁獲圧の増加，④孵化

場由来の個体との競合による天然産卵個体の減少，などがおもな原因となり，これらが複雑に影響しあって起こってきたものと考えられている（Gore and Doerr, 2000）．サケ科魚類は生まれた川に戻って産卵することがよく知られているが，細かく見れば川のそれぞれの支流の生まれた場所に戻って産卵する．したがって，同じ種であっても支流ごとに遺伝的に異なる個体群が生息する状況が生まれる．コロンビア川流域では，すでに複数の支流の個体群が絶滅し，いくつかの支流の個体群が，絶滅リスクが高い状況に置かれているという．

　サケ科魚類は食料資源として貴重であるだけでなく，広大な流域の生態系のなかでも重要な機能を持っている．海で成長し川に遡上するサケは，海の栄養を川の上流に大量に運ぶ役割を担う．これがサケを捕食する哺乳類や鳥類，さらにはサケの死骸を分解するさまざまな生物に利用されることで，栄養が循環する．サケ科魚類は観光資源としても大きな価値を持っている．サケを対象とするスポーツフィッシングは，コロンビア川流域のさまざまな地域で重要な産業となっているし，サケの天然産卵を観察するエコツアーなども行われている．

　サケはとくにアメリカ先住民にとって，文化的な価値が高い．ワラワラ市からオレゴン州ユマティラ市，ペンドルトン市などの複数の自治体にまたがる地域は，かつてはユマティラ，カユーセ，ワラワラという，アメリカ先住民の3部族が居住する地域だった．現在ではこの3部族が集まって，ユマティラインディアン部族連合居留地（Confederated Tribes of the Umatilla Indian Reservation；CTUIR）を構成している．居留地とは，アメリカ先住民（インディアン）と米国政府の間に締結された条約にもとづいて，先住民部族が領有する土地として指定された地域のことで，米国内務省インディアン管理局が管轄している．こういった居留地の根拠となる米国政府とインディアン部族との間の条約は，全米で371もあるという．この制度は，アメリカ大陸開拓の歴史のなかで，インディアンと開拓者の間に発生した土地の領有をめぐる対立を解消するためにつくられたもので，いわば国のなかにあるもうひとつの国家とでもいうべき存在だ．多くの場合，居留地は資源も少なく貧困に苦しんでいるが，CTUIRなどのように，部族評議会のもとにさまざまな行政組織を持ち，一定の財源を確保して文化的なアイデンティティの

**表 4.1** 代表的なファーストフードのカテゴリー．精霊から与えられた順序と男性または女性による利用によって分類されている．

| ファーストフードの分類 ||||| 
|---|---|---|---|---|
| 与えられる順序 |||||
| 1 | 2 | 3 | 4 | 5 |
| 水 | サケ | シカ | ビスケットルート | ハックルベリー |
| 水流 合計最大日負荷 利用権 | キングサーモン ギンザケ スチールヘッド ベニザケ ミツバヤツメ 淡水ムール貝 トラウト ホワイトフィッシュ サッカー科魚類 | ミュールジカ ロッキーヘラジカ オジロジカ ビッグホーン プロングホーン シロイワヤギ ヘラジカ | セロリー リシリソウ属の植物 ビタールート | チョークチェリー |
| 男性 |||女性||

確立を中心とした多面的な活動を展開している例もある．この CTUIR が自らの文化のよりどころとしてとくに重視しているのが，ファーストフード（ファストフードではない）という概念だ．ファーストフードは，創造神話のなかで，彼らがこの世界に現れたときに「偉大な精霊」から与えられた，生活に不可欠な食料のことだ．水，サケ，シカ，ビスケットルート（*Lomatium cous* というセリ科の植物の根），ハックルベリーの 5 グループに大別され，それぞれのグループは関連する複数の自然資源から構成されている（表4.1）．ファーストフードの年の最初の収穫儀式は，ユマティラインディアンにとって重要なセレモニーである．なかでもサケは，春に最初に出現し，川から得られる食物を象徴する存在としてとくに重要視されている（Jones *et al.*, 2008）．

サケ科魚類は広大なコロンビア川の多面的な生態系サービスに深くかかわっている．食料としての供給サービス，流域生態系の栄養循環を駆動する調整サービス，そして伝統的な先住民文化に根づいた文化的サービスを提供し，これらを通じて多様なステークホルダーの間にサケが象徴する豊かな生態系への誇りと愛着が育まれてきた．サケ資源とその生息環境が危機的な状況に

陥り，さまざまな取り組みを通じてその回復が試みられるなかで，サケ科魚類の多面的な価値が可視化され，コロンビア川の生態系サービスを象徴する環境アイコンとしての機能が付与されてきたと考えてみることにしよう．

(2) ダムとサケ

　コロンビア川流域のサケ科魚類の減少に，もっとも目に見えやすいかたちで影響を与えてきたのは，ダムの建設だった．ボンネビル・ダムに続いて1941年にグランド・クーリー・ダムが建設され，それにともなって上流の1084 kmがサケの遡上から遮断された．ワシントン州立大学などが運営するコロンビア川歴史センターによると，1968年のジョン・デイ・ダム完成の際には，魚道が未整備だったためにベニザケ20万尾が遡上を妨げられて死亡したと記録されている．現在でもベニザケの生息域には魚道がないダムが18基ある．サケ資源の減少を引き起こした原因はダムだけではないので，当然ながら，ダムの建設以前から過剰漁獲などによってサケ資源の減少が始まっていたと考える人もいる．しかし，ダムが引き起こした大規模な環境変化は，人々とサケとのかかわりに，目に見えやすいかたちで大きなインパクトを与えてきたことは確実だ．

　コロンビア川本流の大規模ダムは，米国北西部の広い範囲に電力を供給する，人々の生活になくてはならないインフラである．多くのダムは電力だけでなく灌漑農業の水源としての機能を果たしており，流域の大規模な農業生産を支える重要な働きをしている．また，ダムの建設によって川の流れが緩やかになり，ダムに閘門を整備することで大型船の航行が可能になって，河川を利用した農産物などの物流を支えてきた．こういったダムの多面的なサービスによって，米国北西部における人々の便利で豊かな生活が発展してきたわけだ．しかし，それがサケ科魚類の生息とトレードオフの関係にあることが，当初から大きな課題として認識され，さまざまな対策が講じられてきた．コロンビア川流域のダムの多くに設置されている魚道は，技術的にはきわめて精緻な，まさに最先端の設備である（図4.5）．ボンネビル・ダムや，CTUIRの中心地であるオレゴン州ユマティラ市のマクナリー・ダムには，魚道の全体像とサケ科魚類の保護のためにダムが行っている取り組みを紹介する展示施設があり，魚道のなかを遡上する魚を観察することができる（図

図 4.5 ボンネビル・ダムに設置された大規模な魚道.

図 4.6 ダムには魚道を通過する魚を観察できる施設が設置されている.

4.6).初めてコロンビア川流域を訪れて,これらのダムの魚道と関連設備を見たとき,ぼくはその規模の大きさと精密な設計に心の底から驚いた.魚道はたんなる階段状の構造ではなく,必要に応じて迷路のような複雑なかたちを描き,遡上する魚の休息場所を確保している.これによって魚の遡上が格

段に容易になるだろう．遡上する魚にとっては，魚道の入口を見つけることが困難なことが多い．魚は当然，もっとも流れる水量が多い場所に集まるので，魚道から十分な水が流れていないと，入口を見つけることができない．しかし，魚道を流れる流量が多すぎると，遡上すること自体が困難になる．これらのダムの魚道は，この問題を解決するために，魚道とは別の水路を通じて魚道の入口に大量の水を流して，魚を誘導しているという．そして，魚道を通過する魚は絶えずモニターされており，通過するサケの数から，魚道などの施設整備や流域の生息環境再生活動の効果を検証できる．ボンネビル・ダムの場合，1938年の完成以来，すべての年のダムを通過したサケの個体数データが公開されている（http://www.nwp.usace.army.mil/Missions/Environment/Fish/Counts.aspx）．

大型ダムは川で生まれて海に下る流下稚魚の生残にも大きく影響する．稚魚が発電用のタービンに巻き込まれることで，死亡する危険があるためだ．流下稚魚をタービンから迂回させるために，ダムにはさまざまな工夫が凝らされている．発電用タービンの手前には，稚魚を選り分ける大型のスクリーンが設置され，稚魚は別のルートに誘導されるようになっている（Ferguson *et al.*, 2005）．マクナリー・ダムの技術者の話では，目詰まりすることな

**図4.7** 流下稚魚を発電機のタービンから迂回させるためのスクリーン．マクナリー・ダムに設置されているもの．

図 4.8 ダムで捕獲したサケの流下稚魚を下流まで輸送するための活魚トラック．稚魚の生残率を高めるさまざまな技術がダムとサケの共存を可能にしている．

く水を順調に流しながら，同時に効果的に稚魚を選り分けるスクリーンの設計には，ひとりの技術者の人生が丸ごと費やされたという（図 4.7）．稚魚は実験施設に誘導され，そこでフィンクリップ（腹鰭を 1 枚切り落とすことによるマーキング）を施され，必要に応じて電子タグを埋め込まれる．これによって，稚魚のその後の生存と移動を追跡することができるようになる．そして，稚魚は活魚船や活魚トラックを使って最下流のボンネビル・ダム下流まで運ばれ，そこで放流される（図 4.8）．これによって，ダムを通過する際の危険が回避できるというわけだ．このシステムは，サケのような単一のグループの生物の生存率を高めるためにつくられた仕組みとしては，きっと世界でもっとも大規模で高価なものだろうと，先ほどのマクナリー・ダムの技術者はつぶやいていた．

　サケ科魚類の生息とダムの機能を両立させるために，このような大規模な設備とシステムに投資することには批判も多い．しかし，ぼくの目にはこれがダムに関係するステークホルダーによる，サケとダムを両立させたいという強い希望と決意の表れのように見えた．いいかえれば，人間活動によって大きな環境変化を経験してきたコロンビア川流域で，豊かで便利な人間生活とサケの生息を両立させるために，徹底的に工夫を凝らした結果として，こ

のような解決策が生まれてきたのだろう．サケがダムを越えて遡上・流下できる環境を整えることが，これだけの労力と資金を投下する価値を持つという判断が，どのような背景から生まれたのか．この疑問に答えるためには，広範なステークホルダーとサケ科魚類のかかわりについてくわしく調べる必要がある．こうしてぼくは，ますますコロンビア川流域にのめりこんでいくことになった．

### （3）生息環境の改変

流域の最上流部から海まで，多様な生息環境を利用するサケ科魚類にとって，流域の環境の変化は，生活史のさまざまな場面に影響をおよぼす．ときには小さな支流の小さな開発によって，その場所を産卵に利用する個体群が生活できなくなる可能性もある．とくに中流域・上流域の産卵場所や稚魚の生息場所は，サケ科魚類の生活に決定的に重要だ．コロンビア川流域では，中流・上流域の小さな灌漑用のダムにも，いたるところに小規模な魚道が整備され，ダムのそばには小さなホワイトボードの看板があって，その年にそのダムを通過したサケ科魚類の個体数が表示されている．こういった小さな工夫もまた，サケの生息と人間生活を両立させるために必要不可欠なことである．

しかし，遡上と流下さえ保障されればサケ科魚類の生息が保障されるというわけではない．河川にダムが建設されると，その下流の水の流れは大きく変化する．灌漑用ダムの場合，農業用水の需要が大きくなるとダムからの取水量が増加し，放水量が減少して下流に渇水区間ができることがある．このような場所がサケ科魚類の産卵床あるいは稚魚の生息場所となっている場合は，卵や稚魚の成育が困難になる．このような事態を避けるためには，ダムからの取水量を制限すると同時に，サケ科魚類の産卵場所や稚魚の生息環境が渇水状態にならないように，ダムからの放水量を調節することが必要だ．コロンビア川流域のワシントン州東部は雨の少ない半乾燥地帯だが，大規模な灌漑による農業が発達している．ワラワラ市周辺では，かつてはコロンビア川の支流の多くで，農業用水の需要が高まる夏季には，河川から水がなくなるという事態が頻繁に発生し，サケの減少に拍車をかけてきたと考えられている．これについても，河川からの取水量を制御して渇水状態を避ける配

慮が必要である．

　灌漑のための用水路という構造物自体も，サケ稚魚の流下を妨げる障害となる．河川から農地に水を引くために用水路を設置する場合，川の流れに沿って水路を分岐させるという方法がもっとも簡単だろう．しかし，海に向かうサケ稚魚は川の流れに沿って下っていくので，最後は農地で行き止まりになる用水路に入り込んでしまう危険がある．これを避けるためには，用水路の入口にサケ稚魚の侵入を防ぐスクリーンを設置すればよい（図4.9）．実際に，ぼくが通っているコロンビア川の中・下流域では，サケ科魚類の産卵場所や稚魚の生息場所の環境を維持するために，河川からの取水の制御とダムからの放水量の調節がごくふつうに行われており，サケ稚魚が用水路に入り込むことを防ぐスクリーンも，ほとんどの用水路の取水口に設置されている．たとえば，コロンビア川中流のプリースト・ラピッヅ・ダム直下のヴェーニタ・バーと呼ばれる浅瀬は，キングサーモンの有数の産卵場だったが，ダムからの放水にともなう急激な水位変動で多くの産卵床が失われるという事態が起こっていた．産卵期と稚魚の成長期の急激な水位変動を抑えてキングサーモンの繁殖を維持することを目的に，秋から翌年6月までダムからの放水量を調節する試みが1988年から続けられており，その結果，ヴェーニ

図4.9　河川から用水路への分岐点に設置されたサケ稚魚用スクリーン（中央の円筒形の構造物）．流下する稚魚が用水路に入り込むのを防ぐ．

タ・バーはコロンビア川最大のキングサーモンの産卵場となるまでに回復したという（National Research Council, 2004）.

こういった事例は，ダムにかかわる多様なステークホルダーがサケ科魚類の価値を緩やかに共有しつつ，それぞれの立場からサケの生息環境の再生に取り組んできた結果，広域的な環境再生が実現しつつあることを示しているように思える．サケ科魚類の生息環境を再生するためのさまざまな活動が，多様なステークホルダーによって広域的かつ継続的に実施されてきたことが，コロンビア川流域におけるサケと人々のかかわりを変容させ，環境アイコンとしてのサケの価値を高めてきたのだろう．では，どのようなアクターがこのような広域的な活動を支える知識基盤を生産し，流通させてきたのだろうか．日本の地域社会で見てきたようなレジデント型研究者や知識の双方向トランスレーターは，このような広域的な課題への取り組みにも重要な役割を担っているのだろうか．広大なコロンビア川流域で，サケ科魚類の再生に向けた多様なステークホルダーの活動を支えてきた知識生産のあり方を見ていくことにしよう．

## 4.3 サケをめぐる知識の生産と流通

### （1）知識生産者としての米国陸軍工兵隊

人間活動の影響を強く受け，環境が大きく改変されてきたコロンビア川流域の広範な地域で，豊かで便利な人間生活とサケ科魚類の生息を両立させるという課題の解決に向けて，さまざまな知識生産者が領域融合的な知識を生産し続けている．そのなかで，まず気になったのは，ダムの設計・建設・運用を担う米国陸軍工兵隊（U.S. Army Corps of Engineers；USACE）だった．USACE は陸軍という名称のもとで軍隊としての組織を持っているが，じつは技術者集団である．米軍の軍事施設の設計と施工管理だけでなく，ダムなどの公共施設の建設と運用も，その重要な業務となっている．最下流のボンネビル・ダムからマクナリー・ダムまでの4つのダムや，スネーク川の4つのダムを含む，コロンビア川流域の大型ダムの多くは USACE によって建設され，運用されている．それ以外のダム管理者には，米国内務省開発局

(U. S. Department of the Interior, Bureau of Reclamation) やアイダホ電力などの電力会社がある．内務省開発局は米国における水資源と水力発電による電力供給者として，USACE に次いで第2位の規模を持ち，コロラド川にある米国最大級のダムであるフーバー・ダムの管理者でもある．

　USACE が生産するサケにかかわる知識技術の特徴は，ひとことで整理すれば，ダムとサケ科魚類はさまざまな技術によって「なんとか共存できる」ことを，具体的な技術開発と科学的な検証によって示す，ということに尽きるだろう．たとえば大規模農業を支える水資源，広域的な電力の供給，河川物流の維持など，ダムが提供するサービスは，流域の人々の生活の質の向上に不可欠なものである．これらのサービスを維持しながら，サケ科魚類の遡上と流下を保証していくために，すでに見てきたようなダムの精巧な魚道やサケ稚魚のためのスクリーンを開発し，設置・運用している．さらに，これらの技術の効果を検証するために，ダムを通過する魚類のモニタリングを長期的に継続すると同時に，展示施設やウェブページを通じて，人間生活とサケの生息を両立させることの意義を発信し続けている．

　USACE が生産する知識技術は，ダム以外でも，さまざまなサケ科魚類の生息環境の整備に活用されている．流域各地にあるサケ科魚類の種苗生産施設や，稚魚放流のための馴化施設の多くは，USACE が設計や建設を担当している．サケ科魚類の生息環境再生のためのプロジェクトにも，USACE が参画し，さまざまな知識技術を提供している．USACE のこのような活動の資金の多くは，ワシントン・オレゴン・アイダホ州の広域にわたる電力供給を担う連邦機関である，ボンネビル電力局（Bonneville Power Administration；BPA）から提供されている．BPA は米国エネルギー省に属しているが，電力の販売による資金で運営されており，米国北西部の電力需要の3分の1程度を供給する大組織である．USACE と BPA などの広域的に活動する機関による生態系再生への取り組みが，コロンビア川流域全体にまたがるサケ科魚類の生息環境の改善に大きく貢献してきたことはまちがいない（Federal Columbia River Power System, 2001）．

　ダムとサケ科魚類の生息のトレードオフという課題は，ステークホルダーの価値や意見が鋭く対立する場面である．サケ科魚類の天然産卵個体群の保全を最優先の課題と考えるサケ保護団体などの立場から見れば，ダムの存在

は許容しがたいものかもしれない．農業生産に大量の灌漑用水を必要とする農業者の視点からは，ダムは生業の根幹を支える存在だろう．一見したところおたがいに相容れない価値観が共存するために，USACE が提供しているような中間的で現実に実現可能なオプションは，たいへん効果的である．それはたんなる技術的な解決策にとどまるものではない．ほんとうに重要なのは，サケ科魚類の生存と人間生活が両立しうるという考え方と，それによって持続可能な未来を開拓できるというビジョンを提供し続けることであり，このビジョンにもとづいて，コロンビア川流域の多様なステークホルダーの協働を可能にする道筋を示すことである．USACE は鋭く対立する価値のはざまで，両者にとって受け入れ可能な知識技術を流通させる双方向トランスレーターの機能を果たしているとみなすことができる．

中間的なオプションを提案し続けることは，容易なことではない．ぼくが何度か話を聞くことができた USACE のマクナリー・ダム担当のベテラン技術者によると，マクナリー・ダムを通過して流下するサケ稚魚の生存率は，迂回路のおかげで 90% を超えているという．これは技術的にはたいへん高い水準に見えるが，サケの保護を優先する立場から見ると不十分という指摘を受ける．たとえばダムの存続の是非についての議論が起きているスネーク川の大型ダム 4 基について考えると，それぞれが 90% の生存率を達成したとしても，4 つのダムを通過すると，全体としての生存率は 0.9 の 4 乗で 66% に低下してしまい，これでは十分とはいえないという指摘を受け続けるのだという．技術的にはより高い生存率を達成することは可能だが，そのためのコストは生存率が高くなるほど大きくなる．いったいどこまで技術を高めれば満足してもらえるのか．それともダムを撤去するところまでいかないと問題は収束しないのか．このような悩みを抱えながら，それでも続けられている USACE による知識生産が，多様なステークホルダーによる広域的な協働の実現に大きく貢献していることは確かだろう．

(2) アメリカ先住民の知識生産

コロンビア川の中下流域には，ユマティラインディアン部族連合居留地 (CTUIR) に加えて，ネス・パース族 (Nez Perce)，ワーム・スプリングス部族連合 (Confederated Tribes of the Warm Springs)，ヤキマ国部族連合

(Confederated Tribes and Bands of the Yakima Nation) の4つの大きなアメリカ先住民居留地がある．これらはすべてたいへん活発な活動をしている居留地で，自治組織もしっかりと確立しており，すべての居留地政府が自然資源あるいは漁業資源管理を担当する部門を持っている．これらのアメリカ先住民居留地の人々は，サケにかかわる豊かな伝統文化とサケ資源の利用にかかわる多様な伝統的知識を持ち，環境アイコンとしてのサケ科魚類に対する強い誇りと愛着を共有しているように見える．そして，4つの居留地すべてが，サケ科魚類の採卵，種苗生産，放流稚魚の馴化などの施設を保有している．4つの部族を合わせると，ワシントン州とオレゴン州のコロンビア川中下流域で，広い範囲をカバーする大規模なサケ科魚類再生活動が展開されている．

これらの居留地政府は，アメリカ先住民としてのアイデンティティの強化と伝統文化の維持をとくに重視した活動を展開しており，自然資源にかかわる伝統的知識の継承と，持続可能な資源管理の実現は，最優先の課題となっているようだ．サケの漁獲を継続し，食文化を維持することは，アメリカ先住民の伝統文化を維持するうえでたいへん重要な要素のひとつである．そして，それぞれの居留地政府には，サケ科魚類のモニタリングなどの研究活動を推進する研究部門があり，アメリカ先住民の視点からの知識生産を行っている．居留地政府は高度な研究能力を持つ研究者を雇用して研究にあたらせており，その多くはアメリカ先住民の出身ではない．しかし，これらの研究者は，居留地政府で働くなかで先住民が持つサケ科魚類に対する愛着や誇りを共有し，先住民の視点に立脚して研究を行っているように見える．

米国陸軍工兵隊（USACE）やボンネビル電力局（BPA），州政府などが推進する研究が，より広域的なサケ科魚類の資源動態やモニタリングを扱うことが多いのに対して，居留地政府の研究機関と研究者は，おもによりローカルな，自分たちの足元のサケ科資源の研究を中心としている．たとえば，CTUIRの自然資源局・水産プログラムの研究者は，ワラワラ市近郊のナーサリー・ブリッジという小さな頭首工（灌漑用水の取水のための取水ぜき）を通過するスチールヘッドとキングサーモン，およびイワナの仲間であるブル・トラウトの通過個体数の長期モニタリングを行っており，2000年以降スチールヘッドとキングサーモンが増加傾向にあることを明らかにしている

(Mahoney et al., 2006). ぼくたちのレジデント型研究者の定義にたいへん近い存在と見なすことができるだろう．このようにして，さまざまな知識生産主体が異なる空間スケールで，それぞれ異なる関心にもとづいて，サケ科魚類に関する知識生産を進める仕組みができていることが，広域的なサケ科魚類の再生活動を支える知識基盤を提供しているものと考えることができる．

　アメリカ先住民居留地政府によるサケ科魚類再生に向けたさまざまな活動と，その基礎となる研究活動の資金もまた，おもにボンネビル電力局（BPA）によって提供されている．コロンビア川の生態系サービスの最大の受益者企業のひとつであり，コロンビア川の環境を大きく改変してきたダムからの電力を供給する役割を担うBPAが，その生態系サービスを象徴する環境アイコンであるサケ科魚類の再生のための資金を，流域の多様な主体に提供するという構造もまた，コロンビア川流域での広域的なステークホルダーの協働に重要な役割を果たしている．そして，アメリカ先住民の立場からBPAをはじめとする州および連邦の広域的機関との折衝の窓口として機能する組織として，4つの居留地政府が集まって，1977年にコロンビア川部族間魚類コミッション（Columbia River Inter-Tribal Fish Commission；CRITFC）が設立された．CRITFCはBPAの本部があるオレゴン州ポートランドを本拠に，魚類という伝統文化としても経済的にも重要な自然資源に関して，4つの居留地の人々の課題や期待を集約している．川と流域に魚が戻ってくること，居留地の漁業権を守ること，サケにかかわる文化を共有すること，漁業者を支援することをミッションとして掲げて，多面的な活動を展開している．BPAなどに対して，ともすればばらばらに対応を行ってきた4つの居留地が，CRITFCを通じてひとつのまとまった声を上げることができるようになったことは，交渉の窓口が集約されたことなどから，BPAや州・連邦レベルの機関からも歓迎されている．CRITFCに集約される各居留地の声は，魚類資源に関する共通の価値やビジョンを可視化することにも役立っている．CRITFCは，居留地というローカルな文脈とBPAやUSACEなどの広域的な視点をつなぐ双方向トランスレーターとして機能していると考えてよいだろう．

## （3）環境保全型孵化場

　アメリカ先住民にとって，サケ科魚類が豊富に漁獲できること，サケが確実に増殖できることは，伝統文化とアイデンティティの確保のために欠くことのできない要件である．そのために，先住民居留地政府はサケの孵化放流事業に熱心に取り組んできた．しかし，サケ科魚類の孵化放流は，孵化場由来の個体との競合のせいで天然産卵個体が減少することが危惧され，とくに天然産卵のサケを重視する保護団体などからの批判にさらされてきた（Araki *et al.*, 2007）．ここでも，異なる価値観のはざまで，天然個体から生まれたサケと孵化場由来のサケの共存を促すための知識技術が必要とされてきたのである．2011 年に初めてポートランド市のコロンビア川部族間魚類コミッション（CRITFC）を訪問した際に，ぼくはヤキマ国部族連合が運営する環境保全型孵化場，クレ・エルム増殖研究所（Cle Elum Supplementation and Research Facility）の存在を知ることになった．コロンビア川流域では，河川環境の再生に貢献するかたちでのサケの種苗生産と放流が試みられており，その代表的な事例がこの研究所だというのである．幸いその年のうちに再度コロンビア川流域を訪問する機会を得たので，さっそく視察をお願いすることにした．また，2013 年にも再度訪問して，その知識生産のあり方を詳細に調べ，理解を深めることができた．

　クレ・エルム増殖研究所は，コロンビア川の支流であるヤキマ川（Yakima River）の上流の小さな町にある．ヤキマ川は，先住民居留地政府によるサケ科魚類再生事業がたいへんさかんなところである．クレ・エルム増殖研究所は，こういったさまざまなサケ科魚類再生への試みに対応して，漁業を支えるために行われるサケ科魚類の種苗放流が天然産卵個体に悪影響を与えず，なおかつ天然産卵のための親魚を継続的に供給することを目指して，技術開発と実験を行っている．おもな対象は春に遡上して秋まで河川内で生活して産卵するキングサーモン（春遡上群）である．種苗放流はあくまでも野生個体の繁殖を補って漁獲を保証するための「補充」（supplementation）と位置づけられており，放流された稚魚の自然状態での繁殖が，将来的に野生個体群の繁殖を増加させることを目指している（Flagg and Nash, 1999）．

　孵化場で種苗生産に用いる親魚は，野生個体，および孵化場起源の親が自

然状態で繁殖して生まれた子孫だけを用いる．年間 80 万尾ほどの孵化場由来の稚魚を放流しているが，そのすべてをフィンクリップでマーキングし，遡上した個体のなかでフィンクリップされていない個体だけを親魚として使う．つまり，孵化場起源の個体を続けて繁殖に使用することはなく，少なくとも一度は自然状態で繁殖に成功した個体，つまり自然選択のプロセスを経た個体の子孫だけを親魚として使うことで，環境に適応した遺伝的組成を維持しようとしているのだと理解できる．もちろん，それに加えて，繁殖に雌雄とも複数の個体を用いる，親魚の選択はランダムに行う，地元の親魚だけを使う，などの遺伝的多様性に対する一般的な配慮も行っている．

流下稚魚の河川内での生存率を向上させるために，自然状態での捕食者への対応などを視野に入れた飼育手法を採用していることも重要な特徴である．水面から投下される餌に慣れて水面近くで鳥類などに捕食される危険が高まることを防ぐために，水中で給餌する装置を活用している（図 4.10）．めだちにくい体色を発達させるために，蓄養池の壁面と底面を自然状態に近い色彩にして，水面の一部にカバーをかけ，水中には隠れ場所を設置して，危険から逃れる行動パターンを育成しようとしている．さらに，こういった環境で飼育した個体と，通常の飼育条件で飼育した個体の一部を電子タグでマー

**図 4.10** クレ・エルム増殖研究所が使用している水中給餌装置．養殖池で成長する間に，稚魚が餌を求めて水面近くに浮上する性質を獲得することを防いでいる．

図 4.11　クレ・エルム増殖研究所が運営するサケ稚魚の馴化施設．放流する地点や手法の工夫によって，適切な産卵場所への回帰を促す．

キングして，放流後の生存を追跡している（Fast, 2002）．

　稚魚は孵化後およそ1年間，蓄養池で飼育した後で放流される．その最後の段階で繁殖場所の「刷り込み」のための馴化を行うステップを設けている．馴化施設は研究所の上流と下流にそれぞれ1カ所と，別の支流に1カ所設けられている（図 4.11）．これらはみな，歴史的にキングサーモンの産卵場であったことがわかっている場所である．1月末から2月初めにかけて馴化施設に運ばれた稚魚は，3月中旬まで刷り込みのために流水で飼育され，その後に「自発的」に放流される．要するに，バケツから川に放り込んで放流するのではなく，池の下流側の水路に出口を設け，稚魚が勝手に川を下ることができるようにしている．放流はおおむね2週間で完了する．これによって，産卵のために戻ってきたサケが孵化場の近くに集まるのではなく，馴化施設の放流地点の周辺に回帰し，本来の産卵場所で繁殖することを促すのだという（Dittman *et al.*, 2010）．

　放流される稚魚はすべてフィンクリップで標識されており，その一部は電子タグによって個体識別されている．ヤキマ川上流から流下する稚魚も，回帰してくる親魚も，内務省開発局が管轄するヤキマ川下流の灌漑用ダムであるローザ・ダム（Roza dam）を通過する．ローザ・ダムには流下する稚魚

を誘導して捕獲するための施設と，遡上してくる親魚を魚道で捕獲する施設が設けられており，詳細なモニタリングが行われている．ここで捕獲された親魚のうち，野生個体（フィンクリップされていない個体）の半分程度がクレ・エルムの孵化場に輸送され，残りは放流されて天然産卵の機会を与えられる．同時に，遡上時期，サイズ，年齢などのデータが記録される．流下稚魚についても，野生個体の一部を電子タグで個体識別し，体長・体重などを記録している．電子タグを使ったモニタリングは，ダムの魚道などたくさんの地点に設置された稚魚トラップを使って実施されていて，ワシントン大学のコロンビア川流域研究所が運営する「コロンビア川・リアルタイム・データアクセスシステム（Columbia River DART）」を通じて，流域全体にわたる詳細なデータが公開されている（http://www.cbr.washington.edu/dart）．また，産卵床の数や産卵後の死亡個体の数も目視で計測される．こういったデータの一部はウェブにも公開されている．クレ・エルム環境保全型孵化場で研究を主導しているデーブ・ファストさんは，これによって，数十年はかかるかもしれないが，環境保全型孵化場の効果やサケ科魚類の生息のための自然再生の効果が検証されていく，と熱く語っていた．

　クレ・エルムのような環境保全型孵化場は，サケ科魚類の生活を支える豊かな河川環境，流域環境を再生することがなによりも優先されるべきで，漁業資源を補充するための孵化事業も，この目的と整合するかたちで行われなければならない，という考え方を徹底している．要するに，サケが増えさえすればよいという近視眼的な発想ではなく，地域社会の持続可能な開発のために，源流から海までの広域的な流域環境を整備していくことと，資源としてのサケの増殖を両立させる，という長期的なビジョンにもとづいているわけだ．長期的に見れば，天然産卵由来と環境保全型孵化場由来の個体のバランスをとりながら，河川環境を改善していくアプローチが，異なる価値の乖離を埋める中間的なオプションとして有効なのではないか．ここでも，クレ・エルム環境保全型孵化場の研究者は，その知識生産を通じて，異なる立場・価値を持つステークホルダーの協働を促しているのである．

**（4）農業者とサケをつなぐ**

　コロンビア川流域の重要な基幹産業のひとつは，大規模な集約農業である．

158　第4章　アメリカのコロンビア川——サケをめぐる多様な人々

図 4.12　大規模なセンターピボット灌漑によって，農業生産が支えられている．

コロンビア川がもたらす豊かな水資源を活かし，灌漑設備を用いてさまざまな農産物を生産している．灌漑用パイプを地下に通し，農地の中央から圧力をかけた水を自走式の散水管に送り込み，これを回転させて数百 m の半径の円形の農地に水をまいて耕作する「センターピボット灌漑」がさかんに行われている（図 4.12）．シアトルからワラワラに向かう飛行機からは，センターピボット灌漑によってできた円形の農地が果てしなく続くようすを見ることができる．大規模な農地開発によって，ワシントン州は全米でも有数の農業地帯となっている．しかし，農地開発と灌漑は流域環境と河川の水量に大きな影響を与え，サケ科魚類の減少を促す要因となってきた．また，灌漑用水を取水するためのダムや頭首工が流域のいたるところに建設され，サケの遡上と流下の障害になってきた．

　大規模農業を生業とする農業者にとって，サケ科魚類の生息環境を再生する動きは，利害の対立を生む危険をはらんでいる．とくに水源としてのダムは貴重な農業資源であり，サケのためにダムの撤去が議論される際には，農業者からダム擁護の声が上がることが多い．では，環境アイコンとしてのサケ科魚類の価値を農業者が共有し，サケと共存できる農業のあり方を検討できるような仕組みはあるだろうか．農業者とサケ科魚類の新しいかかわりを

支える知識生産が行われているのだろうか．当然のように，ぼくのなかでこのような疑問がふくらんでいった．そこで頼りになるのは，地域の多様な人々に深い人脈を持つホイットマン大学のタケモトさんである．タケモトさんの紹介で，ぼくは 2011 年にワラワラ市近郊の農業者と協働して河畔林の再生を通じた河川環境の改善に取り組んでいる人々と出会うことになった．その中心人物は，ワラワラ郡環境保全区（Walla Walla County Conservation District；WWCCD）で，知識のトランスレーターとして活躍しているマイク・デニーさんだった．

マイクさんが所属する環境保全区という組織は，長い歴史を持つ全国組織であり，全米各地で 3000 もの保全区が活動している．そもそもの始まりは 1930 年代に発生した大規模な干ばつによって，乾燥した農地の表土が風によって浸食される被害が顕在化したことである．農地の大半は私有地であるため，土地所有者の自発的な活動によって表土の浸食を防ぐことの必要性が認識されるようになり，風食を防ぐための自発的な取り組みをサポートする組織として，環境保全区が全国に広がった．つまり，もともと農地の表土を保全するための組織であり，農業者をステークホルダーとして，その自発的な取り組みをサポートする仕組みと技術を提供することが，環境保全区の第一義的な機能である．ワシントン州の環境保全区の多く，とくにマイクさんたちワラワラ郡環境保全区（WWCCD）は，その機能を拡張して，サケ科魚類の生息環境の再生に，農業者（土地所有者）が自発的にかかわることができる仕組みの提供に取り組んでいる．

サケ科魚類の産卵と稚魚の成育を支えているのは，流域の支流や小さな流れである．そして，こういった小さな流れは，周辺の農地から流入する土砂や栄養によって，環境が劣化しやすい．雨による農地の表土の浸食を防ぎ，河川に土砂が流入しないような仕組みが必要とされる．このような仕組みとして有効なのは，西別川流域で試みられているような，バッファーとしての河畔林の再生である．これによって河川への土砂や栄養の流入を抑制するだけでなく，農地の表土の浸食を防ぐことで農地の生産性も改善されることが期待できる（Parkyn, 2004）．

WWCCD は，米国農務省が全国で展開する環境保全地域強化プログラム（Conservation Reserve Enhancement Program；CREP）の一環として，土

地所有者と協働して，農地と河川の境界にバッファーとしての河畔林と草地を再生するために，科学的にも社会的にも妥当なさまざまな選択肢の創出を試みている．農地と河川の間につくるバッファーの設計については，CREPやワシントン州環境保全コミッションが，在来種を使うこと，望ましいバッファーの幅，などの科学的な原則を定めている（Cramer, 2012）．これにしたがいながら，それぞれの農地の実情に合わせて，農業者とともに具体的なバッファーの設計と植栽を行うのが，マイクさんたちの仕事である．つまり，連邦や州が定める科学的に妥当な基準をもとに，農業者と協働して実際の農地の状況に適合するバッファーを設計するというトランスレーションを行っているわけだ．バッファーとなるのは農地の一部であり，当然ながら農業者が所有する私有地である．私有地を河川環境の改善のためのバッファーとして利用するために，CREP は個々の土地所有者と 10 年から 15 年の賃貸契約を結ぶ．農業者にとって受け入れやすく，しかもバッファーを長期的に維持できる仕組みである．マイクさんたちは，農地の一部を長期的にバッファーとして確保することが，サケ科魚類の生息環境を改善すると同時に，表土の流出を防ぎ，農業生産にとってもメリットがあることなどを農業者に伝えて自発的な参加を促すだけでなく，農業者の現状から学び，バッファーの構造や設計などにさまざまな新しい工夫を取り込んでいく．このような相互作用を通じて，WWCCD は現場レベルでの知識の双方向トランスレーターとして，たいへん効果的な役割を果たしているように見える．

　現在，ワシントン州全域で，農業者との契約は 1000 件を超えている．河川の流程にして 1200 km，5500 ha の面積が，バッファーとして管理されているという（図 4.13）．河畔に広がる緑は，川に日陰をつくり，水温を下げる働きをする．これによって低水温を好むサケ科魚類が生息しやすい環境が生まれる．河畔林の植樹が行われてから 5 年から 10 年たつと，水面の 70％ ほどが木々の枝でカバーされ，水温上昇が抑制されるという．WWCCD が担当しているワラワラ市近郊のコロンビア川支流トゥキャノン川では，河岸の 79％ で河畔林のバッファーがつくられており，その結果，夏季の水温がそれ以前に比べて 6 度ほど下がり，暖かすぎてサケが住めなかったところにサケの稚魚が戻っているという．

　大きな予算を使って実施されている CREP の活動の成果をモニターし，

図 4.13 農地と河川の境界につくられたバッファー．手前側の草地と奥側の低い樹木がバッファーで，農地からの土砂や肥料の流出を効果的に防ぐ設計となっている．

農業者の自発的な活動がサケ科魚類の生息環境の回復に貢献していることを，州や連邦レベルの意思決定者やステークホルダーに伝える役割を果たしている人もいる．たとえば，ワシントン州環境保全コミッションのキャロル・スミスさんは，地域と州や連邦という異なる空間スケールの間での知識の流通を媒介する階層間トランスレーターである．キャロルさんは，CREPの活動として植えられたバッファーの樹木の生存率や成長などをモニターして成果を可視化するだけでなく，現場から得られた知見を州や連邦の政策形成に活かす役割も担っている（Smith, 2013）．農業者に近い立ち位置で土地所有者にとって受け入れやすい仕組みを提供しているマイクさんと，州政府や連邦政府の政策に地域の視点を反映させる役割を担うキャロルさんという，性質が異なるトランスレーターが重層的に活動していることが，広範な流域をカバーする多様なステークホルダーのダイナミックな意思決定とアクションを支えているのではないだろうか．

（5）サーモン・セーフ

コロンビア川流域の豊かな水資源を利用しているのは，電力会社や大規模農業者だけではない．流域で生活するすべての市民・消費者，あるいは流域

図 4.14　ワラワラ市近郊に広がるワイン用ブドウ畑．

で事業を営む企業や法人も，水資源の利用者であり，サケ科魚類の生息環境にかかわるステークホルダーである．こういった多様なステークホルダーが，河川環境とサケ科魚類にかかわっていくための仕組みはないのだろうか．タケモトさんのホイットマン大学の教え子のひとりで，ワラワラ市のすぐ南のミルトン・フリーウォーター市でワイナリーを営んでいたアシュレイ・トラウトさんを通じて，ぼくはサーモン・セーフ（Salmon Safe）という環境認証の仕組みを知ることになった．ワラワラ市近郊では，ワイン産業が急速に発展している．ワイン用ブドウの栽培に適した気候であることから，1970年代後半からワイン生産が始まり，今では100以上のワイナリーと700 haを超えるブドウ畑がある（図 4.14）．ワラワラ市内には地元のワイナリーのテイスティング・ルームが軒を並べ，「ワラワラ・ヴァレー」というブランドは，次世代の「ナパ・ヴァレー」といわれるほどの高い評価を受けている．サーモン・セーフは，ブドウ畑やワイナリーがサケ科魚類の生息に悪影響を与えないかたちで運営されていることを認証するもので，オレゴン州やワシントン州，そしてこのワラワラ・ヴァレーでも急速に広がっているというのである．

　サーモン・セーフは，米国西部の川や流域の環境再生をミッションとする非営利団体である太平洋河川協議会（Pacific River Council）が，1997年か

ら開始した環境認証システムである．1999 年にはオレゴン州でサーモン・セーフの認証を受けたブドウ畑が出現し，2001 年からは独立した認証機関として活動を開始している．その後，活動の範囲はワシントン州，カリフォルニア州，カナダ・ブリティッシュコロンビア州に拡大し，ブドウ畑だけでなく，リンゴやホップなどの農産物，都市公園や企業，大学などの施設，宅地開発プロジェクトやゴルフ場なども認証の対象に含めるようになった．有名なところでは，ポートランド市にあるナイキの世界本社の施設が，2005年にサーモン・セーフ認証を取得している．このようにサーモン・セーフは，農産物の消費者，公園の利用者，企業の従業員，大学の教員や学生など，日常のなかでのサケとのかかわりが少ない多様な市民・消費者が，サケ科魚類に象徴されるコロンビア川の生態系サービスとの新たなかかわりを紡ぐのを促す，知識の双方向トランスレーターとしての役割を担いつつある．

　さっそく，アシュレイさんの紹介で，ワラワラ市周辺のサーモン・セーフ認証を取得したブドウ畑を持つワイナリーをいくつか訪問してみた．そのなかでぼくがとくに気になったのが，オレゴン州ミルトン・フリーウォーター市にあるウォーターミル・ワイナリー（Watermill Winery）だった．ワラワラ・ヴァレーのサーモン・セーフ認証を取得したワイナリーの多くは，世界各地のワイン産地から集まった意欲的なワインメーカーによって運営されているが，ウォーターミル・ワイナリーは，1950 年代から地元で農業を営んできたブラウンさん一家の経営だ．現在は農場の創始者アール・ブラウンさんの孫の世代が，農場経営とワインづくりの中心である．40 年以上にわたってリンゴ生産で成功してきたが，2001 年にワイン用ブドウの栽培を始め，2005 年からワインを生産・販売している．リンゴ栽培の時代から環境に配慮した農法を採用してきたブラウン家は，ワラワラ・ヴァレーにおけるサーモン・セーフ認証の先駆者である（図 4.15）．ブドウ畑の最初のサーモン・セーフ認証は，2006 年に取得したという．地元に根差した農家が，先進的なサーモン・セーフ認証に関して，地域のリーダーシップをとってきたのである．

　ブラウン家はサーモン・セーフの新しいステークホルダーを開拓することを通じて，サーモン・セーフ認証それ自体の拡大と推進にも貢献している．ブラウン家の伝統でもある環境に配慮したリンゴ栽培と醸造技術を組み合わ

164　第4章　アメリカのコロンビア川――サケをめぐる多様な人々

図 4.15　ウォーターミル・ワイナリーのサーモン・セーフ認証ブドウから生産されたワイン．

図 4.16　ウォーターミル・ワイナリーの創業者であるブラウン家が経営するリンゴ果樹園．リンゴ果樹園として初めてサーモン・セーフ認証を取得した．

せて，10年ほど前からハードサイダー（発泡酒）の製品開発に取り組み，2012年からブルー・マウンテン・サイダー・カンパニー（Blue Mountain Cider Company）として販売を開始した．ほとんどすべての原料を自社の果

樹園で生産し，伝統的な品種を使ったサイダーなど，たいへん魅力的な製品を生産している．ブラウン家の果樹園は，リンゴを栽培している果樹園として最初にサーモン・セーフ認証を取得した．また，農業の環境配慮に関する国際認証であるグローバル・ギャップ（Global G. A. P.）も取得している（図4.16）．リンゴ果樹園のためのサーモン・セーフ認証基準は，ブラウン家が自らのリンゴ園の認証取得を目指すなかで，サーモン・セーフと協力してつくりあげたものである．この認証基準ができたことで，ほかのリンゴ果樹園やサイダーメーカーにも，サーモン・セーフ認証への門戸が開かれ，新しく認証を取得したほかのメーカーのサイダーもすでに市場に出始めている．ブラウン家は地域に根ざした知識生産者として，サーモン・セーフを活用した環境配慮型農業に関する知識技術を生産し，多様なステークホルダーとサケ科魚類の生息を支える河川環境の，新たなかかわりをつくりだしているのである．

## 4.4 差異を維持した協働

### （1）重層的知識生産とトランスレーション

コロンビア川中・下流域という広大な地域スケールで，きわめて多様なステークホルダーと科学者が，サケ科魚類の生息環境の再生に向けてダイナミックに相互作用しているようすを見ていくと，そこでは多様な知識生産者と知識の双方的トランスレーターが，それぞれ異なる立場や視点から，重層的な知識生産とトランスレーションを行っていることがわかる．たとえば，ダムや沿岸開発によって疲弊してきた河川環境の広域的な再生に関しては，米国陸軍工兵隊（USACE）がダムとサケ科魚類の共存とサケ科魚類の生息環境再生のための多様な知識技術を生産し，その効果をモニタリングを通じて検証している．広域的なサケ科魚類のモニタリングを通じた現状把握には，ワシントン大学などの研究機関も重要な役割を果たしている．また，ローカルなレベルでは，ユマティラインディアン部族連合居留地（CTUIR）やクレ・エルム増殖研究所などの，アメリカ先住民居留地政府とその研究者が，伝統文化の根源としてのサケ科魚類の生息環境の再生と資源の確保に向けた

知識技術を生産している．そして，コロンビア川部族間魚類コミッション（CRITFC）は，このようなローカルな動きと，連邦機関であるボンネビル電力局（BPA）や州政府などの間をつなぐ双方向トランスレーターの役割を果たしている．農業者の視点では，ワシントン州環境保全コミッションが推進する環境保全地域強化プログラム（CREP）が，農地と河川のバッファーとなる河畔林などの再生のための知識技術を提供し，ワラワラ郡環境保全区（WWCCD）のようなローカルな組織が，農業者と協働して知識の双方向トランスレーションを実現している．サケ科魚類との接点が少ない市民や事業所に対しては，サーモン・セーフによる環境認証の仕組みが広域的にさまざまなかかわりを生み出しており，ローカルレベルでその仕組みを活用して新たな動きを生み出しているトランスレーターもいる．これらの多様な知識生産者・トランスレーターは，これまで日本の事例を中心に見てきたようなレジデント型研究者とよく似た機能を果たしている．最大のちがいは，空間スケールにおいても，対象とする課題についても，きわめて多様な知識生産者・トランスレーターが存在し，サケ科魚類をアイコンとした河川環境の再生という共通の目標に向かって，それぞれの立場・価値観から，それぞれ内発的に，しかし相互に重層的にかかわりあいながら活動しているという点である．コロンビア川のような大規模なシステムがダイナミックに動いていく際には，このような知識生産者・トランスレーターの多様性と重層性が，決定的に重要なのではないか．

　コロンビア川流域における課題に駆動されたさまざまな知識生産の特徴は，異なる立場・価値観に立つステークホルダーにとって十分に満足というわけではないが，ある程度納得して受け入れることが可能な中間的なオプションを提供するというアプローチであることだ．ダムがもたらすサービスとサケ科魚類の生息の両立を可能にするUSACEの知識技術，孵化場由来のサケと天然個体の共存を促すクレ・エルム増殖研究所の環境保全型の種苗生産技術，農業生産と河川環境の共存のためのCREPによる河畔林再生のための知識，そして多様な人間活動の河川環境への負荷を軽減することを可能にするサーモン・セーフという社会技術は，すべてこのようなアプローチから生まれたものである．このような中間的なオプションは，異なる立場，価値観を持つステークホルダー間の溝を完全に埋めるものではない．むしろ，それ

ぞれのちがいをそのままに，なんらかのアクションを通じて現状を改善していくための仕組みを生み出しているものとみなすことができる．その際には，おそらく関係するすべてのステークホルダーは，現状に対してなんらかの不満を維持している．それが基礎となって，緊張関係が保たれたままでさまざまな相互作用が生まれ，コロンビア川流域の広域的なスケールで，ダイナミックな社会の動きをつくりだしてきたのである．

　ぼくたちはそれぞれ異なる価値を優先するきわめて多様な人々が構成する社会に生きており，このような価値は，ときとしておたがいにまったく相容れないことがある．前提となる価値がまったく異なるときに，おたがいに一致点を見出すことが不可能になる状況は，科学哲学の世界で議論されている「共役不可能性」の状況によく似ている（Oberheim and Hoyningen-Huene, 2013）．このような状況では，おたがいに完全に同意できる条件を見出すことはおそらく不可能だが，中間的なオプションは，両者が相互作用し，協働していくためのチャンネルを提供することができる．これによって価値や意見，世界観やアプローチが異なる多様なステークホルダーの間で，緩やかな協働が生まれていくことを，「差異を維持した協働」と呼ぶことにしよう．差異を維持した協働を促進できる重層的な知識生産とトランスレーションが，コロンビア川流域のような広域的かつ複雑なシステムがダイナミックに動いていくメカニズムなのだろう．「だれも満足していない，けれども動いていく」という状態が，現実の社会が動いていくために重要なのである．

### （2）絶滅危惧種保護法

　コロンビア川流域におけるこのような重層的な知識生産者・トランスレーターの動きは，連邦政府や州政府レベルでも，流域環境や自然資源の管理と再生にかかわるさまざまな機関によってサポートされている．そのなかで，とくに気になるのが，米国北西部に電力を供給するという，人間生活に不可欠なサービスを担う連邦機関であるボンネビル電力局（BPA）の役割だ．ダムなどの人間活動によって大きく改変されてきたコロンビア川流域の，多様な生態系サービスの最大の受益者であるBPAが，流域全体にわたって展開される重層的な知識生産とトランスレーションを，豊富な資金とアイデアを提供することで支えるという構造は，どのようにして実現されているのだ

ろうか.

　米国における自然保護・環境保護政策のなかで，1977年に制定された「絶滅の危機に瀕する種の保存に関する法律」（通称「絶滅危惧種保護法」Endangered Species Act；ESA）は，もっとも特徴的な仕組みのひとつだろう．これは「絶滅のおそれのある種およびその依存する生態系の保全」を目的とする，典型的な原生自然保護のための法律で，そこには生態系サービスを活かした人間の福利の向上などの社会的な要素は含まれていない．絶滅危惧種および生存を脅かされている種とその生息域がこの法律によって指定されると，連邦行政機関は，対象種の生存を危険にさらす行為，対象種の生息地を破壊し悪化させる行為を回避する義務を負う．そのために，連邦政府機関は対象種の生息にかかわる多様なステークホルダーによる環境改変や自然資源利用に関して，それを制限するさまざまな政策や制度を整えることが要求される．絶滅危惧種のためにあらゆる人間活用を制限できる法律とみなすことができるだろう．この法律の直接的なインパクトとしてよく知られているのが，1978年にほぼ完成したダム建設工事が，連邦最高裁判所の決定で差し止められたテリコダム事件である．さらに，この法律が対象とする絶滅危惧種は米国内務長官（海洋生物の場合は商務長官）によって指定されるが，指定の申請は私人・NPOなどだれでも行うことができる．つまり，だれでもこの法律を盾にとってほかのステークホルダーによる環境改変や資源利用に制限をかけることが可能なのである．コロンビア川流域では，1999年3月にワシントン州などに生息するサケおよびスチールヘッドの12個体群が，絶滅危惧種保護法の絶滅危急種および絶滅危惧種に指定され（図4.17），その後，この指定を基礎としてダムの環境負荷低減や指定種の生息環境の保全と再生を求める多くの訴訟が繰り返されてきた（Harrison, 2011）．

　このような法律は，さまざまな利害を反映して指定される可能性がある絶滅危惧種を盾に，人間の福利の向上に必要な活動を制限する道を開くとんでもない法律だと，ぼくはずっと思ってきた．とくに自然資源の持続可能な利用を目指す動きは，この法律によって阻害される可能性があり，それによって利害の対立が加速される危険がある．しかし，どうやらコロンビア川流域では，この法律がさまざまなステークホルダーによって飼いならされ，うまく使いこなされているように見える．これは予想外のことだった.

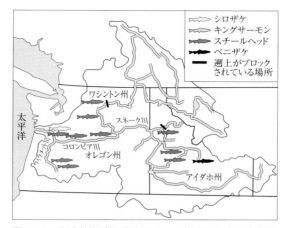

**図 4.17** 絶滅危惧種保護法によって指定されたサケ科魚類個体群の分布.
(http://www.noaanews.noaa.gov/stories/images/salmonrecoverymap.jpg を改変)

　ボンネビル電力局 (BPA) や米国陸軍工兵隊 (USACE),さらには先住民政府の関係者との会話のなかで,多くの人々が「ハンマー」について語るのを耳にした.ハンマーとはまさにこの絶滅危惧種保護法のことであり,絶滅危惧種に指定されたサケ科魚類に対する対応を誤ると,訴訟などといった強烈なかたちでハンマーが降ってくる,あるいは振り下ろすことになるという意味である.絶滅危惧種の指定があるおかげで,BPA や USACE を中心とするさまざまなステークホルダーにとって,サケ科魚類の再生は,組織としてのコンプライアンスの問題となっているのである.訴訟という事態は,訴訟を起こす側にとっても受ける側にとっても大きなコストをともなうので,それをうまく避けるように慎重に対策をしていくことが必要である.このハンマーを多様なステークホルダーがうまく使いこなすことによって,おたがいの緊張が維持され,ダイナミックな相互作用につながっているように見える.一見したところとんでもない法律でも,使いようによっては役に立つということは,法律に代表される社会のさまざまな制度や仕組みとその基礎となる科学をうまく使いこなすための,知識のトランスレーションの重要性を,あらためて示しているように思える.

絶滅危惧種保護法が制定されて40年近くの年月が経過するなかで，意外な効果も現れている．異なる価値を持つステークホルダーが，絶滅危惧種保護法というハンマーのもとでたいへん密な相互作用を繰り返すなかで，相互の信頼が生まれているのである．この場合の信頼とは，もちろん共通する価値や考え方を持つアクターどうしの信頼ではない．自分とはまったく異なる立場にある主体に対する，相互のちがいを理解しあったうえでの，交渉相手として，あるいは差異を維持した協働の相手としての信頼である．コロンビア川のサケ科魚類再生にかかわる多様なステークホルダーの，長期的で密接な相互作用が，おたがいの立場を尊重しつつ緊張感をもって協働する姿勢を育んできた．多様なステークホルダーによる，共通の課題に関する長期的なかかわりを生み出す仕組みとして，絶滅危惧種保護法が機能してきたのである．このような相互の信頼関係が，異なる立場から生産される多様な知識技術の効果的なトランスレーションと活用の基盤となっているのだろう．

### （3）流域社会のダイナミックな動き

きわめて多様なステークホルダーによる，コロンビア川流域の広域にわたる「差異を維持した協働」は，サケ科魚類の再生と流域環境の生態系サービスの活用を通じた人々の福利の向上に向けた，ダイナミックな活動を駆動してきた．そして，重層的な知識生産とトランスレーションに支えられたダイナミックなステークホルダーの協働は，これからもさまざまな立場や価値の差異を維持したままで継続し，サケと共存した地域社会の持続可能な開発を促していくにちがいない．このように，楽天的に考えることができる理由がいくつかある．

まず，さまざまな知識生産とトランスレーションが，サケ科魚類という環境アイコンと新たなステークホルダーのかかわりを創出していることが重要である．典型的な例が，サーモン・セーフに見られる広範な都市住民や消費者，農業者とサケとのかかわりを生み出す仕組みだろう．水資源管理と排水・廃棄物への配慮，持続可能な農産物の選択と消費という，だれでもかかわりを持つことができるチャンネルを通じて，さまざまな立場の人々・事業者とサケ科魚類のかかわりが創出され，このような新しいステークホルダーの関与が強まることによって，人々のネットワークが変容し，ダイナミック

な社会の動きが継続していくだろう．

　サケ科魚類資源の再生のための新たな技術開発が進んでいることも，今後のダイナミックな動きを加速しうる要因である．クレ・エルム増殖研究所の上流域にあるクレ・エルム湖などの湖沼群は，かつては20万尾を超えるベニザケが遡上していたと考えられているが，1900年代初頭に魚道がない灌漑用ダムが建設されて，これらの個体群は消滅した．ヤキマ国部族連合は，このベニザケ個体群の再生に向けて，クレ・エルム増殖研究所の研究者とともに，たいへん興味深いアプローチを開発している．遡上する親魚のための魚道を新設するのには大きなコストがかかるので，まず夏季に近隣のベニザケ個体群の親魚をダム湖に移送し，さらに上流の支流で産卵させようというのである．流下した稚魚は3-4年後に親魚となって産卵のために遡上し，下流のローザ・ダムを通過するので，そこで捕獲してまたクレ・エルム湖に輸送する．このようにして，魚道がない支流でもサケ科魚類の繁殖個体群を再生することが可能になる．2009年から始まったこの試みで，毎年数千尾から1万尾の親魚がクレ・エルム湖に放流され，2011年には8万尾の稚魚の流下が確認されている．2013年と14年にはこのようにして海に下ったベニザケの親魚の遡上が，ローザ・ダムで確認された．このような徹底して人の手を加える手法の開発によって，ダムで隔離された水域でもサケ科魚類の再生が進展することを通じて，新たな物語が紡ぎ出され，環境アイコンとしてのサケの価値をさらに強化していくことだろう．

　サケ科魚類との強固な文化的つながりを持つ先住民コミュニティも，今後のダイナミックな社会の変容の源泉である．先住民コミュニティにとって，コロンビア川流域環境の生態系サービスを象徴する環境アイコンは，サケ科魚類だけではない．ユマティラインディアン部族連合居留地（CTUIR）が先住民文化のよりどころとして重視するファーストフードのなかで，河川環境に関連するカテゴリーには，サケ科魚類のほかにミツバヤツメ（Pacific Lamprey, *Entosphenus tridentatus*）という全長80 cmほどのヤツメウナギの一種が含まれている（Jones *et al.*, 2008）．ミツバヤツメを資源として利用してきたのは先住民だけであり，まさに先住民文化に固有の環境アイコンとしてのポテンシャルを持つ生物である（図4.18）．ミツバヤツメの生態はよくわかっていないが，産卵のために河川を遡上するので，ダムによる影響を

図 4.18 ダムの魚道を遡上するミツバヤツメ（ボンネビル・ダムで撮影）．ミツバヤツメはファーストフードのひとつで，先住民にとって重要なアイコンである．

図 4.19 かつてのセライロの滝におけるサケ漁のようす．
(The Oregon Encyclopedia: http://www.oregonencyclopedia.org/articles/celilo_falls/)

強く受けていることはまちがいない．ダムなどによって大きく改変されたコロンビア川流域におけるミツバヤツメの現状について，CTUIR の研究者を中心にさかんに研究が進められており，サケに続いてミツバヤツメの遡上と流下，さらには生息環境の再生のために必要な対策の検討が進んでいくものと予想できる（Moser and Close, 2003）．このようなかたちで，流域のさまざまな価値を可視化する環境アイコンがつぎつぎと発掘されていくことも，多様なステークホルダーのダイナミックな動きをつくりだしていくだろう．

　コロンビア川流域の豊かな恵みを利用してきた自然資源利用に関する社会的記憶は，多くのステークホルダーの間で受け継がれている．コロンビア川本流のダレス・ダムの上流には，セライロの滝（Celilo falls）と呼ばれる急流があった．かつては滝を遡上するために集まるサケ科魚類を大きな網ですくいあげる漁がたいへんさかんで，世界最大の河川漁場としてさまざまな人々が利用してきた歴史がある（Roberts, 1997）．そのダイナミックな漁のようすは，写真による記録などもあって，多くの人々の記憶にとどまっている（図 4.19）．セライロの滝は 1957 年にダレス・ダムが完成したことによって水没し，現在は穏やかな水面が広がっているだけである．このようなきわめて豊かなサケ科魚類資源とその漁場の記憶は，強力な社会的アイコンとなりうるだろう．セライロの滝を物理的に再生することは不可能だろうが，流域の多様なステークホルダーが，かつてのセライロの滝のような豊饒な漁場を再生するという目標を緩やかに共有し，それぞれの立場から新しいアクションを展開していくことも，十分にありうるのではないか．コロンビア川流域で起こっているサケ科魚類を環境アイコンとしたダイナミックな協働は，異なる立場や価値を持つ多様なステークホルダーの，差異を維持した協働のメカニズムが維持される限り，これからもさらにダイナミックに展開されていくことだろう．

# 第 5 章　新たな知の体系を求めて
―― 地域環境学が目指すもの

## 5.1　実践的な総合科学

### （1）課題に駆動された科学

　これまでの章では，ぼく自身がフィールドとして深くかかわってきた世界各地の事例から，地域の社会と自然が直面するさまざまな課題の解決に，具体的に貢献できる科学のあり方について考えてきた．地域社会の環境と人間生活にかかわるこのような総合的な科学を，ぼくたちは地域環境学と名づけた．現実のフィールドから得られた地域環境学にかかわるさまざまな知見を基礎として，そろそろ地域の課題に駆動された問題解決指向の科学のあり方を，理論的に検討してみる必要があるだろう．この章では，新しい知識生産のスタイルとしての地域環境学の理論を，これまでに紹介した事例などを通じて再整理してみよう．

　コロンビア川流域のような広大な地域だけでなく，たとえば白保集落のような小さな単位であっても，地域社会はさまざまな環境の変動にさらされ，多様なステークホルダーの利害がうごめく複雑系である．このような生態系の変動と人間社会の動きが連動する複雑なシステムを，「社会生態系システム」という（Folke, 2006 ; Glaser *et al.*, 2008）．複雑な社会生態系システムのなかでは，きわめて多様な課題がつぎつぎに顕在化する．マラウィ湖沿岸コミュニティにおける水産資源管理，白保集落のサンゴ礁と共生した地域づくり，西別川流域の河畔林再生やコロンビア川のサケ科魚類の再生は，そのどれをとっても，特定の学問分野の知識だけで解決を図れるようなものではない．課題の解決に貢献しうるすべての知識を総動員することが求められる．

科学者はふつう，特定の研究分野に関する知的好奇心に駆動されて，その分野における一般的な妥当性を求めて知識を生産している．これとは異なり，特定の地域社会が直面する課題に駆動され，その解決を目指す知識生産は，必然的に課題の解決に必要とされるさまざまな分野の知識を融合し，複雑な現象をひとつのシステムとして理解しようとするものにならざるをえない．レジデント型研究者として兵庫県豊岡市のコウノトリの里公園における領域融合的な知識生産をけん引してきた池田啓さん（故人）は，このような問題解決指向の総合研究を，「すべての学問を坩堝（るつぼ）に」と形容した（池田，1999）．ぼく自身がマラウィや白保で実践してきた「ひとり学際研究」も，地域社会の課題に駆動されて，可能な限り多様な知識を取り込み，活用しようという試みだった．このようにして，自分自身の個別の専門から足を踏み出し，領域融合的な科学を目指してきた結果として，ぼくは今では自分の専門がなにかと問われるたびに，答えに窮している．

そして，このような「ひとり学際研究」の先には，学際的な共同研究の地平が広がっている．ひとりの科学者がどれだけ学際的な研究を試みたとしても，複雑な地域の課題に十分に対応できるわけではない．多くの異なる分野の科学者・専門家の知識を結集し，直面する課題の解決に向けて共同研究を行う必要があるのは明白だ．これまでに見てきたすべての事例で，実際には異分野の多様な研究者や地域の多様な人々の協働を通じて，課題の解決のための総合的な知識基盤が構築されていた．また，その際には，知識生産を協働して進める人々がそれぞれ，課題に駆動された多面的な知識生産に取り組んできた．ひとりひとりが自分の専門分野から一歩踏み出してシステム的な思考を試みることが，課題駆動型の地域環境学に必要なのである（森岡，1988）．

このようにして課題に駆動された学際研究が進み，さまざまな知識が生産されたとしても，それが自動的に課題の解決を促すわけではない．地域の環境問題の解決に役立つはずの知識技術は，すでに山のように生産されているし，これからも生産され続けるだろう．しかし，科学的には妥当な知識技術が，地域の課題の解決に必ずしも有効に活用されない，という事態が起こっている．このような状態は，多くの場合，知識を人々が十分に理解していないことが原因で起こると考えられてきた．知識が不足していることが環境問

題の解決を阻んでいるというとらえ方を，「欠如モデル」という（Sturgis and Allum, 2004）．欠如モデルは，知識が欠けていることが原因なのだから，知識を伝えれば問題は解決する，という短絡的な発想を生み出す．ところが，地域の社会生態系システムはとても複雑なうえに，さらに問題の原因や性質は地域社会ごとに固有のものである．たとえばマラウィ湖沿岸と白保，そして西別川流域は，沿岸環境の劣化によって水産資源に悪影響が生じているという問題は，確かに共通している．しかし，個々の地域の問題の構造や原因はそれぞれまったく異なっており，解決のためには異なるアプローチが必要である．しかも，地域の複雑な社会生態系システムは，地域内外のさまざまな変化を受けて，絶えずダイナミックに変動している．たんに既存の知識をステークホルダーに伝えるというだけでなく，地域ごとに異なる環境問題の構造，社会的背景，意思決定の仕組みなどをふまえながら，地域の社会生態系システムのダイナミックな変化に対応できる総合的な知識が生産され，地域の実践の現場でテストされ，磨かれていく順応的なプロセスが必要なのである（松田，2008）．知識を生産するだけでなく，それを地域社会の多様なステークホルダーとともに活用し，その結果をフィードバックして仕組みを改善していくという，終わりのないプロセスを動かしながら，地域の課題の解決に向けた動きをサポートしていくことが，地域環境学の重要な機能なのである（Sato, 2014）．

### （2）トランスディシプリナリー・アプローチ

それぞれの地域社会に固有の社会生態系システムがダイナミックに変容するなかで，さまざまな地域の課題が顕在化する．個別の課題に駆動され，その解決を目指して，さまざまな研究分野の協働による総合的で実践的な知識生産を行うのが地域環境学の使命である．しかし，マラウィ湖沿岸コミュニティ，白保，長野県上田市の里山など，これまでに見てきたさまざまな地域社会における知識生産の事例では，ぼくのような科学者・専門家に分類される人々が生産する科学知だけでなく，地域社会のさまざまなステークホルダーが育んできた生活のなかの知識（生活知），地域の知識（在来知・伝統知）などのさまざまな知識体系が，地域環境学のなかで重要な役割を果たしてきた．問題解決を指向する地域環境学は，科学知の生産における学際性にとど

まらず，科学と社会の境界をも踏み越えて，科学者・専門家以外の多様なステークホルダーと密に連携した知識生産を行っている．このような学際研究（インターディシプリナリー）を超えた多様なステークホルダーの協働による知識生産を，トランスディシプリナリー・アプローチという（Hadorn *et al.*, 2008；Lang *et al.*, 2012）．トランスディシプリナリーの適切な日本語訳はまだ確立していないが，「領域融合」，「超学際」などの言葉があてられることもある．

　具体的な地域の課題の解決を目指す地域環境学が，科学者・専門家だけでなく，地域の多様なステークホルダーとの協働を実践していることは，じつは当然のことなのかもしれない．地域の課題を解決する主役は，あくまでも地域の多様なステークホルダーであり，科学者・専門家はその一部にすぎない．さまざまな立場，価値を持つステークホルダーの協働が，問題解決に向けたアクションに必要不可欠な条件である．しかし，地域の社会生態系システムに関する専門的で信頼性の高い知識を提供できる科学者・専門家には，自分たちが問題解決の主役であると錯覚する傾向がある．その結果，さまざまな環境問題に対して，科学的には妥当だが地域の現実からは乖離した処方箋が大量に描かれ，それが地域社会にさまざまな軋轢を起こしてきた．地域環境学が提供する知識が具体的な課題の解決につながる意思決定とアクションを創発するためには，社会生態系システムとその課題，将来予測，具体的な問題解決のためのアプローチなどといった科学が得意とする領域の知識だけでは十分ではない．地域社会の意思決定システム，優先される価値，さまざまな制約条件などにかかわる微妙なさじ加減を含んだ知識が必要である．地域環境学が古典的な科学の世界を超えて，地域社会の変容を促すこのような知識を取り込んで問題解決を指向するためには，さまざまなステークホルダーとの協働によるトランスディシプリナリー・アプローチが必須なのである．

　トランスディシプリナリー・アプローチは，研究プロセスにステークホルダーが参加するという意味で，参加型の研究アプローチとよく似ている．しかし，通常の参加型アプローチの場合，問題の設定や研究の手法と方向性は科学者・専門家が設計し，そのフレーミングのなかでステークホルダーが研究の一端を担うというかたちがふつうである．また，生産される知識も科学者・専門家の視点で整理されることになる．多様なステークホルダーの密な

協働を通じたトランスディシプリナリー・アプローチは，そもそもなにをどのように研究してどのようなことを明らかにしたいか，つまり研究の設計の段階から，多様なステークホルダーとの協働が行われることが，参加型アプローチと決定的に異なっている（Mauser *et al.*, 2013）．地域社会の現実のなかでなにが解決すべき重要な課題なのか，解決のためにどのような知識技術が必要か，そして，知識生産によってどのような地域社会をつくりだしたいのかという，問題解決指向の研究の核心を構成するビジョンは，地域の多様なステークホルダーが協働して考えるべきものだ．そして，具体的な知識生産プロセスのすべてに，多様なステークホルダーの視点が反映され，そのフィードバックによって知識生産プロセスが順応的に改善されていく．生産された知識は，参加したすべてのステークホルダーに共有され，問題解決に向けた具体的なアクションの基盤となる．このようなプロセスが駆動されることによって，地域の社会生態系システムの現実とよく整合した，意思決定とアクションをサポートできる社会的妥当性を持った知識基盤が構築されていくのである（Gibbons, 1999）．

　このプロセスは，科学者・専門家にとっても，視野を拡大し，新しいアイデアやアプローチを獲得して，豊かな研究の地平を拓くチャンスである．トランスディシプリナリー・アプローチによって，現実の課題に対するシステム思考にもとづいた総合研究が進展するだけでなく，おそらく個々の専門領域でも，多くのブレークスルーがあるだろう．このプロセスは科学者・専門家のそれぞれの専門領域における知的好奇心を刺激するものでもあるのだ．地域環境学が，具体的な地域の課題に駆動されて，多様なステークホルダーと協働した総合研究を展開することは，科学と社会のかかわりを大きく変容させ，地域社会が直面するさまざまな課題の解決を支える知識基盤を構築すると同時に，科学的な知識生産の営みにも革新をもたらす可能性を持っている（佐藤，2015a）．

### （3）地域環境学ネットワーク

　ぼくにとって，地域環境学というトランスディシプリナリーな総合科学は，これまで世界各地のフィールドで培ってきた知識と経験を集大成するアイデアであり，科学と社会のギャップを埋めて，地域社会が直面する深刻な課題

の解決をもたらす革新的なアプローチに思えた．レジデント型研究者は各地で多様なかたちの地域環境学を実践しているし，知識の双方向トランスレーターは，さまざまなかたちで知識の流通と活用による地域の課題解決への動きをつくりだしているではないか．人類が直面する多様な環境問題の解決の糸口を，ぼくはついに見つけたのかもしれない．しかし，実際の地域社会の現実を見ると，このような自画自賛に酔っているわけにはいかないことも明らかだった．

　これまで見てきたどの事例をとっても，確かにレジデント型研究者やトランスレーターがさまざまなかたちで活躍し，地域社会になんらかの動きが起こってきたことは確かだが，それで玉虫色の世界が実現しているわけではない．このような努力にもかかわらず，地域社会にはさまざまな課題が山積し，人々はその解決に向けて日夜奮闘を続けている．マラウィ湖沿岸コミュニティの貧困からの出口はいまだに見えないし，白保サンゴ礁の劣化には歯止めがかかっていない．コウノトリの野生復帰がつくりだした新しい地域社会のビジョンの実現には長い道のりが残されているし，佐久鯉復活を通じた地域づくりには担い手不足という課題がつきまとう．西別川流域の持続可能な一次産業のビジョンや，コロンビア川流域の広域的な生態系再生を実現するためには，グローバルな経済状況や気候変動が大きな足枷になるだろう．そして，これらの地域ごとの取り組みが積み重なって，グローバルな環境問題が解決に向かい，持続可能な社会が実現される筋道は，いまだにはっきりしていない．

　地域環境学という新しい科学のアイデアが，それぞれの地域でも，またグローバルなレベルでも，多様な環境問題の解決と持続可能な社会の実現を強力に後押しするためには，ともすれば孤立して活動しているレジデント型研究者やトランスレーターをネットワーク化し，地域ごとの取り組みから得られたレッスンや反省を共有して，各地の取り組みをさらに活性化することが必要なのではないか．こんなアイデアをもとに，ぼくは多くの仲間たちといっしょに，地域環境学を基盤とした新しい研究プロジェクトを設計した．2008年から4年間にわたって，科学技術振興機構・社会技術研究センターの支援を得て実施した「地域主導型科学者コミュニティの創生」プロジェクトである．これは，日本各地で活躍するレジデント型研究者やトランスレー

### （A）問題解決のネットワークづくりのための 17 条

**基本的な考え方**

A1. 地域の活動の理念や目標をゆるやかに共有します。
A2. 地域の現状と課題に真摯に向き合います。
A3. 問題解決のプロセスを多様な人々と共に進めます。

**ネットワークのあり方**

A4. 地域の問題解決の取り組みを支える人々のネットワークを形成します。
A5. ネットワークのダイナミックな動きを維持し、硬直化を避けます。
A6. 新しいアクターの出現を妨げず、開かれたネットワークを目指します。
A7. 外部の視点や制度を取り入れ、活かしていきます。

**問題解決の進め方**

A8. きめ細かく注意深い戦略をもって取り組みを進めます
A9. 文化的・歴史的背景を理解して活用します。
A10. 順応的に取り組みの改善を進めます。
A11. 失敗を認め、試行錯誤から学びます。

**相互のつきあい方**

A12. 無用な争いを避け、多くの人々の納得と合意を目指します。
A13. お互いの違いを尊重し、地域の中の差異や矛盾を活かす道を模索します。
A14. 相互に学び合う姿勢を貫き、若い世代を育成します。

**人材の活かし方**

A15. ネットワークのハブとなる人材が活躍できるよう配慮します。
A16. 地域社会の意思決定の鍵となるアクターとの協働を重視します。
A17. 地域の多様な人材と技術が活かされる道を探ります。

**図 5.1** 地域と科学者の協働のガイドライン（資料提供：地域環境学ネットワーク）．A：問

ターの事例を広く収集し、地域環境学の実践の内容と意義を分析する研究プロジェクトで、このような事例を相互につなぐ「地域環境学ネットワーク」を構築して、それぞれの地域で蓄積されたアイデアや手法を相互に学びあうことができるプラットフォームを提供することを試みた．2010 年に全国から 42 名の設立発起人を集めて設立された地域環境学ネットワークには、全国のレジデント型研究者、各地の地域社会に深くかかわっている訪問型研究者、知識の双方向トランスレーター、そして、これらの知識生産者と密に協

> **(B) 知識を生み出し活用するための 17 条**
>
> **めざす科学の方向**
>
> B1. 研究の目標は、地域環境にかかわる問題の解決です。
> B2. 社会のための科学を使命とします。
> B3. 地域から学び、科学のあり方を深めていきます。
> B4. 地域社会にとって最善の科学的知見を生産することを追求します。
>
> **地域とのつきあい方**
>
> B5. 相互の信頼を基礎に、ステークホルダーによる問題解決を支援します。
> B6. 地域に息長くかかわります。
> B7. 多様な価値観と意見を尊重し、合意と実現が可能なオプションを追求します。
> B8. 地域社会の合意を尊重します。
>
> **知識の性格**
>
> B9. 判断や意思決定に役立つ知識を重視します。
> B10. 地域社会の生活・生業の現場で活用できる知識を生産します。
> B11. 持続可能な地域社会の構築に必要な社会技術の開発を進めます
> B12. 避けるべき事態を明らかにすることに努めます。
>
> **知識生産の方法**
>
> B13. 説明責任を果たし、地域に開かれた研究を進めます。
> B14. 在来の知識や生活の中で培われた知識を重視します。
> B15. 地域の多様な主体による知識生産を支援します。
>
> **評価と発信**
>
> B16. 地域社会の問題解決に役立つ研究を高く評価します。
> B17. 地域社会が培ってきた知識や仕組みを、普遍的な知識に翻訳して発信します。

題解決のネットワークづくりのための 17 条，B：知識を生み出し活用するための 17 条．

働する地域のステークホルダーが参集し，さまざまな活動を行っている．そして，地域環境学ネットワークを構成する各地のフィールドでの実践から得られたさまざまなレッスンを持ち寄って，地域環境学の実践を通じて課題の解決に必要な総合的な知識を生み出し，活用するための，指針とヒントを提供する「地域と科学者の協働のガイドライン」が生まれた（図 5.1；地域環境学ネットワーク，2011）．

協働のガイドラインは，知識生産者とステークホルダーの効果的な連携を

通じて持続可能な地域づくりを進めるための，地域の現場における留意点を集めた「問題解決のネットワークづくりのための17条」と，地域の多様なステークホルダーによる課題解決に向けた意思決定とアクションを支える知識基盤を創出するための指針をまとめた「知識を生み出し活用するための17条」からなっている．このガイドラインを効果的に活用することで，ステークホルダーとの協働によるトランスディシプリナリー・アプローチを進める地域環境学がさらに活性化すると同時に，科学者・専門家とそれ以外のステークホルダーの協働による課題解決に向けたアクションが各地で創発することを期待したのである．

## 5.2　地域環境知

### （1）意思決定とアクションのための知識基盤

　地域環境学ネットワークに集まった日本各地の事例は，ぼくにとっても，またプロジェクトに参加した多くの仲間たちにとっても，まさに驚きに満ちた玉手箱だった．驚くほどに多様な知識生産のあり方，そして生産された知識を活かす道筋を，具体的な地域のフィールドに出向いて観察し，分析することを通じて，ぼくは地域社会の多様なステークホルダーの協働による，持続可能な地域社会の構築に向けた意思決定とアクションの基盤となる知識の構造について，さらに考えを深めていくことになった．

　ぼくたちは，重大な判断や意思決定が必要なときには，科学知だけ，あるいはそれ以外の知識だけに頼っているわけではない．むしろ，さまざまな知識を参照しながら，総合的な判断をくだす．マラウィ湖でカンパンゴの調査をしていたとき，天気の急変は湖上の小さな調査船にとってはたいへん危険なので，ぼくたちは天候には神経を使っていた．当然ラジオの天気予報を聞いていたが，それだけではなく，チェンベ村でぼくたちの調査のアシスタントをしてくれていた元漁師の若者の予報がとても頼りになった．村人は，風が吹く季節や方向に応じて少なくとも4種類の風の名称を使い分け，風と雲の動きなどから，天候の変化をかなり正確に予測することができた．小さな丸木舟で漁に出る彼らにとって，これは必要不可欠な技術なのだろう．ぼく

たちはラジオの天気予報と漁師の予測の両方を頼りに，調査にでかけるべきかどうかを判断するのが日常だった．そして，ぼくたちはいつの間にか，長期的な天候の変化についてはおもにラジオの天気予報を頼りにし，局所的で数時間から数日の範囲の天候の急変については，漁師の予測を信頼するようになっていたと思う．つまり，科学的な天気予報と漁師の経験的な知識を組み合わせ，必要に応じて頼りにする比重を調整していたのである．

マラウィ湖の漁師たちの詳細な風の分類と，それにもとづいた天候変化の予測を可能にしている知識は，地域の生業活動のなかで先祖伝来受け継がれてきた，自然環境にかかわる経験的な知識である．このような地域のステークホルダーが生業や日々の生活のなかで，長年の経験と観察によって培ってきた在来の知識体系に関しては，多くの研究が行われており，「伝統的生態学的知識（Traditional Ecological Knowledge；TEK；Berkes, 1993）」，「地域的生態学的知識（Local Ecological Knowledge；LEK；Johannes et al., 2000）」，「土着的知識（Indigenous Knowledge；IK；Stevenson, 1996）」などに分類されてきた．環境問題が悪化し，科学がもたらす知識技術の限界についての認識が深まるなかで，こういった在来知の重要性が強調されるようになったのは自然ななりゆきだろう．そこでは，社会生態系システムのふるまいに関する精密な理解と予測をもたらす科学知と，経験的で直観的な在来知はまったく異なる性質のもので，在来知は意思決定の際に科学知を補うもの，という見方がふつうだった．しかし，先ほどのマラウィの例でも，また地域環境学ネットワークに集まった多くの事例でも，人々が意思決定の際に頼りにしているのは，科学知か在来知かといった二項対立的な知識ではなく，むしろ両者がさまざまなかたちでまじりあい，それ以外のまだ分類されていないような雑多な知識も含めて形成される知識基盤のように思えた．たとえば白保の海垣再生の場合，地域の人々のなかの海垣に対する思い出や漁獲物，建造技術などにかかわる多様な知識に，海垣という構造物がもたらす生態系の変化という科学知，海垣を再生するために必要な意思決定と許認可の仕組みなどに関する地域の知恵が加わり，それが総体として，再生を試みるかどうかの判断に用いられたと考えられる（上村，2007）．ぼくは，地域社会の意思決定の現場で，科学知，在来知，さまざまな経験や直観，知恵と工夫が相互作用し，融合して形成されている知識基盤こそ，課題解決に向けた具体的な意

思決定とアクションを進める基盤ではないかと考え，このような総合的な知識を「地域環境知（Integrated Local Environmental Knowledge；ILEK）」と名づけた（Sato, 2014；佐藤，2014a，2015a，2015b）．地域環境知は，「地域社会が直面する困難な課題に取り組む現場で，その課題自体に駆動されて，多様なステークホルダーによって生産され，共有され，活用される統合的な知識」と定義されている．地域環境学が地域のステークホルダーと科学者・専門家が協働するトランスディシプリナリー・アプローチによって生産する領域融合的な知識は，地域環境知そのものであり，地域環境学という知識生産のモードは，地域環境知のダイナミックな生産，流通，活用のプロセスだと考えることができる．

### （2）知識生産者の多様性

「科学者・専門家を含む地域のさまざまなステークホルダーが，地域の課題解決への取り組みのなかで協働して生産する地域環境知」という眼鏡をかけて，地域環境学ネットワークに集まったさまざまな知識生産の事例を眺めてみると，地域社会における地域環境知の生産と活用には，科学者・専門家以外のステークホルダーが大きな役割を果たしていることがわかってきた．しかも，その際には従来は科学の領域と考えられてきた精密な現状把握と因果関係の記述までも含む総合的な知識が，科学者・専門家以外のステークホルダーによって生産され，地域のなかで活用されている．このようなステークホルダーは，重要な知識生産者であると同時に知識ユーザーでもあり，ぼくたちの定義にしたがえば，科学者としての側面とステークホルダーの側面をあわせ持つレジデント型研究者・トランスレーターに該当する．このような人々の大半は，自分自身が科学者・専門家に分類されるとは思っていないが，地域社会のなかで果たしている役割は，明らかに科学者・専門家に近いものだ．地域環境知の生産と活用の現場では，知識生産者と知識ユーザーの区別，科学と社会の境界は，限りなくあいまいなのである．

たとえば，農業者や漁業者などの一次産業の生産者のなかには，持続可能な生産活動を支える多面的な知識技術を生産し，活用している人々がたくさんいる．兵庫県豊岡市の「コウノトリ育む農法」は，地域の農業者がコウノトリの生息を支える水田のあり方に関するさまざまな科学知と，生業のなか

で培ってきた水田管理のさまざまな技術と工夫を融合させ，試行錯誤を重ねて開発したものである．コウノトリの餌資源となる生き物が生息できる水田環境に関する基礎的知識は，おもにレジデント型研究機関であるコウノトリの郷公園や行政機関が生産したものだが，それを現在の農業状況のなかで活用できる具体的な技術として整備し，実験的な試みを繰り返して成熟させていったのは，地域の農業者グループだった．そこでは，コウノトリにやさしい水田管理技術の導入が，生態系と農業生産の両面にどのような効果をもたらすかについての予測や，その結果を検証するプロセスなど，きわめて科学的な知識技術が農業者などによって開発され，活用されてきたのである．

地域の生態系サービスを事業の基盤とする地域企業も，総合的な地域環境知の生産と流通に重要な役割を果たすことがある．福島県郡山市の地域工務店「株式会社四季工房」は，創業者である野崎進社長のクリエイティブなアイデアとリーダーシップに支えられて，周辺地域を中心とした日本国内の森林資源の活用を通じて，100％国産材による家づくりを実現している．また，二酸化炭素排出の少ない家づくりのためのパッシブソーラー技術の開発と応用に中心的な役割を果たすと同時に，日本の在来工法を継承してリサイクル可能な家づくりを推進し，環境負荷の少ない，地球環境にもやさしい住宅のあり方を提案している（図 5.2）．これらの知識技術を通じて，四季工房は家づくりと地域の林業，さらには森林環境の両立を図り，地球環境問題の解決にも貢献するシステムを構築しているのである．これに加えて，四季工房は顧客ネットワークを活かして植林活動を展開し，薪ストーブの導入を推進するための薪づくり活動を組織することを通じて，本業である家づくりの範疇を超えて，環境負荷の少ない家に住むことを通じた新しいライフスタイルを提案する地域リーダーとしても活躍している．企業活動を通じて創出された地域環境知と持続可能な技術が，地域社会の広範な人々に，持続可能なライフスタイルの選択肢を提供しているのである（佐藤，2009c）．

地方行政機関のなかにも，地域のステークホルダーとの密な連携を通じて，レジデント型研究者・トランスレーターとして，地域環境知の生産と流通を支えている人たちがいる．長年にわたって沖縄県の水産普及員を務め，現在は久米島にある沖縄県海洋深層水研究所の所長を務めている鹿熊信一郎さんは，地域の漁業者の視点からさまざまな水産資源管理と再生の技術を収集，

第5章　新たな知の体系を求めて——地域環境学が目指すもの

図5.2　株式会社四季工房のモデルハウス．国産材だけを使用し，環境負荷の小さい家づくりを実現している．

開発し，漁業者とともに実践することを通じて，その内容を磨き上げてきた．とくにサンゴ礁海域における漁業者が主体となった海洋保護区（Marine Protected Areas; MPA）の研究では日本をリードする研究者であり，県職員を務めながら博士号を取得している．こうして研究者としての経歴を積み重ねる間にも，鹿熊さんは漁業者との協働を進めるトランスディシプリナリーな視点を失うことはなく，水産業の現場にきわめて近い立ち位置で，漁業者の具体的な課題の解決に貢献する地域環境知の生産と活用を進めている（鹿熊，2010）．

このような事例から，科学知と在来知という二項対立的な見方を超えて，地域社会の多様な主体による知識生産が，具体的な地域の現場で相互作用し，融合して，地域環境知がダイナミックに形成され，活用されていくプロセスが明らかになってきた．地域環境知の生産者に注目してみると，科学者・専門家に分類される人々以外に，一次産業生産者，地域企業，行政，NPOなどの市民団体などがそれぞれの立場と価値を基礎に課題解決に向けた多様な知識を生産している．それが具体的な課題を中心に融合し，共通の課題に取り組む多様な人々の間で共有されていく（図5.3）．このようなかたちで科学知，在来知を含むきわめて多様な知識が相互作用し，融合し，変容してい

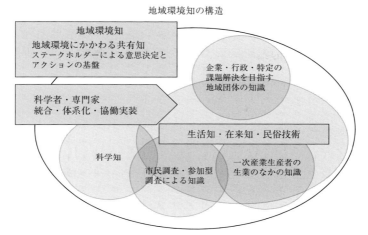

図 5.3 地域環境知の構造と科学者の役割の模式図（Sato, 2014 を改変）.

くことによって，課題に駆動された知識生産がダイナミックに継続し，人々の意思決定とアクションの基盤を形成しているのである．そして，科学者・専門家の知的好奇心に駆動された科学的な知識生産は，課題の解決に向けた必要性に応じて，地域環境知のなかに取り込まれ，活用されているように見える（佐藤，2015a）．

**（3）生業が生み出す知識技術**

地域環境知の生産と流通プロセスのなかで，地域の生態系サービスの直接の受益者であり，地域の産業を支える立場にもある一次産業の生産者は，地域の社会生態系システムが直面する課題の解決に向けた動きをつくりだす主体として，とくに重要である（牧野，2014；佐藤，2015b）．一次産業の生産者は，自然資源が生業の基盤であるために，生業を通じて自然資源の持続可能な利用にかかわるさまざまな知識技術を育んできた．また，一次産業を基幹産業とする地域社会においては，産業としての発展を支えるさまざまな知識技術もまた，時代の変化に対応してダイナミックに変化し，それが地域の人々の生活を支えてきた．マラウィ湖沿岸コミュニティでは，漁業者の集落の目を意識した内発的な漁獲調整がカンパンゴ資源の劣化を食い止め，そ

れが地域の小規模加工業や流通業を通じてさまざまな人々の生活の基盤を提供してきた（Sato et al., 2008；佐藤，2008a）．西別川流域では，シマフクロウを環境アイコンとした漁業者と酪農家の協働が，流域の持続可能性を高め，一次産業をさらに発展させるための多様な活動を創発していた（佐藤，2014a，2015b）．地域環境学ネットワークに集まった事例のなかから，地域の社会生態系システムのなかで，自然資源などの生態系サービスを活用しつつ，生態系の維持と管理を通じて持続可能な社会を構築するための知識基盤を提供するという一次産業の生産者の役割をくわしく検討してみよう．

　沖縄県の恩納村漁協は，現在では沖縄県の主要水産物となっているモズクの養殖技術開発の先駆者である．生業としての漁業活動を安定化させるために漁協が沖縄県水産試験場などと協力して独自に開発したモズク養殖技術は，地域の基幹産業のひとつに成長している．沿岸の浅い海で行われるモズク養殖によって，毎年1月から6月にかけて，広大なモズクの「藻原（そうげん）」が沿岸海域に出現し，さまざまな生物に生息場所を提供する．白保の海垣と同じように，漁業者による生産活動が沿岸生態系を改変し，里海として生態系機能を高める機能を果たしているのである．モズク養殖は，とくに陸域の開発行為などによる赤土の流入によって大きな影響を受ける．恩納村漁協は赤土流出源のパトロールや赤土堆積のモニタリングを地道に継続すると同時に，行政や開発業者と協働して赤土流出対策の仕組みづくりを進め，沿岸生態系の管理に大きな効果を上げてきた．また，モズクに栄養塩を供給するサンゴ礁の劣化を防ぐために，リゾートホテルやダイビング業者と連携して，サンゴの捕食者であるオニヒトデの大発生を抑制するための駆除システムを開発・実施して，サンゴ礁生態系の保全に取り組んできた．モズク養殖という生業を中心として，地域のさまざまなステークホルダーとの協働による生態系管理に必要な知識技術，仕組みが，漁協を中心に構築されてきたのである（家中，2012，2014；佐藤，2015b）．

　恩納村漁協による地域環境知の生産は，サンゴ礁を中心とした地域内外の協働の機会も創出している．沿岸のサンゴ礁が気候変動に起因すると考えられる水温上昇によって大きなダメージを受けたことをきっかけに，恩納村漁協は自分たちが培ってきた貝類や海藻の養殖技術を活用して，サンゴ礁を構成する造礁サンゴ類の独自の養殖システムの開発に乗り出した（図5.4）．

**図 5.4** 恩納村漁協が開発した造礁サンゴ類の養殖技術．水槽内での養育のようす．

造礁サンゴ類の養殖は，モズクなどとちがって，とくに大きなマーケットがあったわけではない．収益につながりにくいことを承知のうえで，生態系の維持管理のために漁協が技術開発に取り組むことは，きわめて異例だろう．恩納村独自の造礁サンゴ類の養殖技術を基盤として，漁協とリゾートホテル，ダイビングサービス，さらには地域外の多くの企業が協働して，「チーム美らサンゴ」による養殖したサンゴの植えつけとサンゴ礁再生活動が行われている．チーム美らサンゴは，参加企業から提供されるサンゴ養殖と植えつけの資金を活用して，全国から社員を中心とした参加者を募って定期的に植えつけ活動を実施している（図 5.5）．これによって全国の広範な人々が，恩納村漁協によるサンゴ礁生態系の再生への取り組みを知り，参加できるチャンネルが提供されている（佐藤，2013b，2015b）．また，鳥取県の水産加工会社である株式会社井ゲタ竹内は，長年のモズクの取引を通じた漁協との信頼関係を基盤として，恩納村産のモズクを加工した商品を各地の消費者が購入すると，代金の一部が恩納村漁協によるサンゴ礁再生活動に寄付される仕組みを構築し，運用している（家中，2012）．恩納村のサンゴ礁再生への取り組みの意義と成果は，井ゲタ竹内のウェブページを通じて全国に発信されている．これによって，全国の消費者が，購買行動を通じて恩納村のサンゴ

図 5.5 チーム美らサンゴによる恩納村における養殖サンゴの植えつけ活動には，全国から参加者が集まる．

礁再生の取り組みに参加できる仕組みが創出されているわけだ．恩納村漁協の生業を中心とした地域環境知の生産は，地域だけでなく，広域的なさまざまなステークホルダーに，サンゴ礁生態系の再生活動に参加する機会，さらには持続可能な消費行動の選択肢を提供しているのである．

## 5.3 ローカルとグローバルをつなぐ

### (1) 地域環境知プロジェクト

地域社会における地域環境知に支えられた課題解決に向けた取り組みは，恩納村の事例のように，地域内に閉じたものではなく，さまざまな広域的な広がりをつくりだす可能性がある．恩納村のサンゴ礁再生は，じつは世界的なサンゴ礁の劣化という地球環境問題とリンクしており，さらに気候変動による温暖化の進行に対して，地域のサンゴ礁環境を適応させていくというグローバルな課題に対する対応策を提案するものでもある．また，地域社会にはさまざまなグローバルな視点や影響も入り込む．たとえばマラウィ湖の沿岸コミュニティの場合には，貴重な魚類の保護のための水中保護区という仕組みが，国立公園の指定と世界自然遺産への登録にともなって地域社会に舞

い降り，人々はそれに対する対応を迫られてきた（佐藤，2008a）．新空港建設問題がきっかけとなって白保サンゴ礁で世界有数の規模のアオサンゴ群落が発見されたことが，研究者などのさまざまな外部のアクターの流入を招くと同時に，白保の人々のサンゴ礁に対する価値を大きく変容させてきた．経済のグローバル化や気候変動といった，地球規模の社会生態系システムの変化から，無縁でいられる地域社会は存在しない．その意味で地域社会は開放系である（佐藤，2013a）．

　地域環境学ネットワークに集まったさまざまな事例のなかで，とくにぼくの注意をひきつけたのは，地域社会の人と自然のかかわり，さらには社会生態系システムそのものを大きく変容させる可能性があるグローバルな価値観や言説，制度や仕組みが，否応なしに地域社会に入り込んでくるときに，それを地域の多様なステークホルダーが地域環境知のなかに取り込み，巧みに使いこなしているようすだった．これとは逆方向の動き，たとえば恩納村のサンゴ礁再生の取り組みがグローバルなインパクトを持つために，どのような仕組みが必要なのかという問題も，とても気になっていた．明らかに，どちらの方向の動きであっても，地域と広域レベルでの動きをつなぐには，異なるスケールレベルで生産された知識の相互作用を促す知識の双方向トランスレーターの働きが鍵になるにちがいない．また，地域の視点から見ると，地域と広域的な課題をつなぐトランスレーターの働きをしているレジデント型研究者が，重要なアクターであることは確実である．レジデント型研究者のさまざまな事例は，日本だけでなく全世界から集まってきていた．地域とグローバルをつなぐ双方向トランスレーターの事例も，世界から広く収集できるにちがいない．このような事例を広く収集して分析することで，地域環境知の生産と流通を基礎として，地域社会が社会生態系システムの変化に対して制度や人々のネットワークを柔軟に変化させ，あるいは新たにつくりだして対応していく仕組み（順応的ガバナンス）を理解することができるだろう（宮内，2013）．地域とグローバルレベルの相互作用を，ぎくしゃくしたものでなく，地域にとっても地球全体にとっても望ましいかたちに設計することもできるにちがいない．このような問題意識から，ぼくは世界に視野を広げ，各国の仲間を募って，総合地球環境学研究所において，2012年から新しい5年間の大型研究プロジェクト「地域環境知形成による新たなコモン

ズの創生と持続可能な管理」（地域環境知プロジェクト）を開始することになった．

地域環境知プロジェクトは，生態系サービスの世界的な劣化などの地球環境問題を，地域からのボトムアップの活動を積み重ねることで解決に向かわせ，持続可能な社会の実現を促す仕組みを，人々の意思決定とアクションを支える知識基盤に注目して明らかにすることを目指した壮大なプロジェクトだ．全世界に事例を求め，それぞれの地域社会に深くかかわってきた世界のレジデント型あるいは訪問型研究者・トランスレーター，ステークホルダーの参加を得て，詳細な事例研究を行い，地域環境知を基礎とした順応的ガバナンスのメカニズム，地域とグローバルレベルを効果的に連関させてボトムアップの課題解決を促す仕組みを解明しようとしている．プロジェクトの骨組みを支える概念として，課題に駆動された問題解決指向の科学としての地域環境学と，そこから得られる知識基盤としての地域環境知がある．それと双壁をなすのが，さまざまなスケールレベルをつなぐ知識の流通と相互作用を促すアクターとしての，知識の双方向トランスレーターの機能である．ぼくたちは，これまでおもに地域レベルで，レジデント型研究者などの知識の双方向トランスレーターが，異なる価値や立場を持つ多様なステークホルダー間の知の流通を促し，地域環境知の生産と流通を通じて意思決定とアクションの基盤を構築する仕組みを検討してきた．おそらくはより広域的なレベル，たとえば国家レベル，あるいは国際レベルでも，異なる知の流通を促すトランスレーターが活躍しているだろう．このようなそれぞれのレベル・スケールの知識のトランスレーターを，「水平方向トランスレーター」と呼ぶことにしよう．このようなアクターの一部は，スケールをまたがって，階層間の知識の流通も促しているにちがいない．また，とくにグローバルな知識や言説を地域にもたらそうとするトップダウン型のトランスレーター，逆に地域でのさまざまな実践の価値やメカニズムを広域的に発信するボトムアップ型のトランスレーターも見つかってきた（図5.6）．このような事例を収集し，分析することによって，地域の社会生態系システムに固有の課題の解決と，地域からのボトムアップによるグローバルな課題の解決を促す知識基盤の構造と，知識生産のあり方を明らかにしたい．それによって，社会の課題解決を促す科学のあり方，科学を使いこなす社会のあり方を描き出すこと

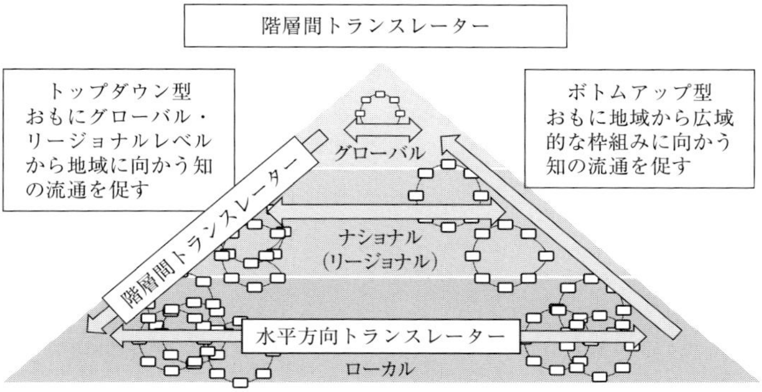

図 5.6 地域からグローバルレベルまで，異なるスケールの間の知の流通を，多様な階層間トランスレーターが支えている．

ができるのではないだろうか．

### （2）国際的な制度を使いこなす

　地域環境知プロジェクトのなかで，さまざまな双方向トランスレーターの事例が見つかり，その分析が進展してきた．そのなかで，とくに地域社会の多様なステークホルダーが国際的な制度や仕組みを効果的に使いこなし，地域社会の変容を促していくために，国際的な制度や仕組みの構造と，トランスレーターの性質が重要である可能性が浮上している．まず，地域社会の視点から，使いやすいと考えられる国際的な制度や仕組みの事例を分析し，効果的なトランスレーションのあり方を検討してみよう．

　ここでもう一度，知識の双方向トランスレーターの働きを整理しておこう．双方向トランスレーターとは，社会生態系システムのさまざまな側面にかかわる科学者・専門家としての素養を持つと同時に，ステークホルダーの一員でもあるアクターと定義できる．地域社会に定住するレジデント型研究者，地域社会に長期的にかかわっている訪問型研究者は，このようなトランスレーターとしての機能も果たしていることが多い．双方向トランスレーターは，多様な科学知を地域の課題に駆動されて再整理・統合し，具体的なアクションに活用するプロセスを推進すると同時に，地域の多様なステークホルダーによる課題解決に向けた実践を通じて培われた知恵や工夫を，広域的に発信

する役割を担っている（佐藤，2014a，2015b）．科学者・専門家を含む多様なステークホルダーが形成する異なる知識体系を課題解決に向けて統合し，地域環境知を形成するプロセスを動かすアクターといいかえてもよいだろう．このような双方向トランスレーターとして，ぼくたちが最初に注目したのが，価値の高い地域の自然と資源や，人々の具体的な資源管理活動を認証する国際的な仕組みと，それを動かしている人々である．

ユネスコは，世界各地の価値の高い自然を保護するために，いくつかの仕組みを持っている．そのひとつが，ユネスコ人間と生物圏計画（MAB計画）が推進する生物圏保存地域（日本ではユネスコエコパークと呼ばれている）である．これは世界自然遺産とは対照的に，生態系の保全だけでなく，多様な生態系サービスの持続可能な利用を進めることを重要な要素としている（UNESCO, 1996）．自然環境が厳格に保護される核心地域とそのバッファーとなる緩衝地域のほかに，生態系サービスを活かした地域社会による持続可能な地域づくりの取り組みが展開される移行地域を指定することが特徴で，移行地域における人々の活動が，核心地域と緩衝地域の管理にポジティブな効果を持つことが期待されている．つまり，このシステムの特徴は，制度や仕組みはユネスコがトップダウンでつくっているが，それが機能するかどうかはひとえに地域からの活動にかかっているということだ．また，ユネスコエコパークの指定を受けること自体が，国際的な価値が認められることへの誇り，ほかの地域との差異化などの新しい視点を，地域環境知のなかに追加する機能を果たしているようにも思える．これらの点にぼくたちは注目した．日本では横浜国立大学の研究者が中心になって，ユネスコエコパークを活用するための地域の取り組みをサポートする「日本MAB計画委員会」を組織し，双方向トランスレーターとして活動している．ユネスコエコパークに登録された地域の多くでは，レジデント型研究者が地域のもっとも近い立ち位置から知識のトランスレーションを行っている．ユネスコエコパークの指定につながる自然環境や人々の営みの価値を保証する科学知が背景にあって，ユネスコと制度自体がグローバルレベルの，日本MAB計画委員会が国レベルの，そして地域のレジデント型研究者が地域レベルのトランスレーターとして機能して，科学的な知識体系と価値を各地域に固有の知恵と価値に翻訳しているように見える．コロンビア川流域で見てきたように，このよ

うな複数の異なる立場のトランスレーターによる重層的なトランスレーションが，ここでも重要な働きをしているのではないだろうか．

ぼくたちが階層間トランスレーターとして注目しているもうひとつの事例が，漁業や林業などの生産活動の持続可能性を認証する国際的な仕組み（国際資源管理認証）である．これは漁業者，林業者などの生産者による持続可能な資源利用の実践を，科学的な基準にもとづいて認証し，エコラベルの使用を認めることで消費者の選択を促して，市場メカニズムを通じて持続可能な資源利用を後押ししようとする仕組みである（大元ら，2016）．代表的なものに海洋管理協議会（Marine Stewardship Council; MSC），森林管理協議会（Forest Stewardship Council; FSC），水産養殖管理協議会（Aquaculture Stewardship Council; ASC）がある．地域の生産者の立場から見ると，このような仕組みを取り入れようとすることは，科学的な認証基準や制度の成り立ち，その潜在的な効果についての知識を，地域環境知のなかに取り込み，活用していることを意味する．ここでもグローバルレベルから地域に密着したレベルまで，さまざまなトランスレーターがそれぞれの立ち位置で知識の流通を促しているようである．

### （3）地域の実践をつなぐ

このような国際的な制度や仕組みを地域社会のステークホルダーが使いこなすというトップダウン型のプロセスとは逆に，地域レベルでの地域環境知の生産と，それにもとづいたクリエイティブな実践が，ボトムアップ型の知識の双方向トランスレーターの働きによって，より広域的な，ときにはグローバルレベルにまで流通し，さまざまなレベルの意思決定とアクションに影響を与えている（佐藤，2015a）．国連開発計画（UNDP）が主導する赤道イニシアティブは，開発途上国における貧困，環境劣化，気候変動などの課題に対して地域社会が主体的に取り組むことで，持続可能な地域社会の構築に向けた革新的な動きを創発している事例を，隔年で顕彰する赤道賞という制度を運営している．北緯 23.5 度以南，南緯 23.5 度以北の赤道周辺に集中する開発途上国での取り組みを対象とすることから，赤道賞と名づけられた．赤道賞は，森林や水産資源管理，水資源管理，野生動物保護，自然エネルギーの活用などの分野の，地域社会が主体となった優れた取り組みを表彰し，

2002年から10年間の受賞者は，127件にのぼっている．こうして収集された地域レベルでの革新的な実践を詳細に分析することによって，2012年に地域主導の活動によって地域の持続可能な発展を効果的に実現するための12のレッスンを抽出し，「地域からのアクションの潜在力——赤道賞の10年」という報告書を出版した（UNDP, 2012a）．この報告書は2012年にインドのハイデラバードで開催された生物多様性条約第11回締約国会議（COP11）で発表された．このプロセスは，国際機関であるUNDPが，地域が主導する実践が持つ普遍的な価値を抽出し，広域的に発信することを通じて，知識の双方向トランスレーターとしてローカルとグローバルをつなぐ知識の流通を促しているものと理解できる．12のレッスンのなかには，伝統的な知識や制度がそのままで保存されるべき静的なものではなく，新しい知識や技術，ガバナンスシステムなどと融合することによって，イノベーションをもたらすことができるという指摘がある．まさに科学知と在来知が融合して地域環境知が形成され，地域社会の革新をもたらすプロセスの重要性が，受賞事例の分析からも裏づけられたとみなすことができるだろう．

　この赤道賞を2002年に受賞したのが，フィジー共和国の地域主導型管理海域（Locally Managed Marine Areas；LMMA）の取り組みである．地域主導型管理海域という仕組みは，厳密な資源管理を促す海洋保護区などの仕組みよりは柔らかなかたちで，地域のステークホルダー自身による無理のない主体的な活動を通じて，水産資源の管理を推進することを目指すものである．1997年にフィジー共和国最大の島，ビティレブ島の東海岸にあるウスニバヌア村で，最初のLMMAが設立された．これはフィジーにおける学術研究を主導するレジデント型研究機関である南太平洋大学の科学者と地域のステークホルダーなどが密に連携して，海域の一部を3年間にわたって禁漁として，その後も資源管理を継続することによって巻貝資源を再生し，地域に経済効果をもたらしたという事例である（図5.7）．LMMAの取り組みはほかのコミュニティに急速に広がり，地域ごとの取り組みをサポートするために，フィジー地域主導型管理海域ネットワーク（FLMMA Network）が誕生した（UNDP, 2012b）．この動きはフィジーの水産政策に大きな影響を与えただけでなく，国際ネットワークの結成を通じて，インドネシア，ミクロネシア，パプアニューギニア，フィリピン，ソロモン諸島などの南太平洋諸国に

## 5.4 持続可能な社会への転換——科学の新しい役割

図 5.7 巻貝を採集するフィジーの漁民．漁民が実践してきた伝統的な資源管理の仕組みを基盤として，地域主導型管理海域（LMMA）の仕組みが構築されてきた（撮影：Jokim Kitolelei）．

広く拡大していった．ここでも，赤道イニシアティブがグローバルレベルのトランスレーターとして地域のイニシアティブの価値を発信し，南太平洋大学のレジデント型研究者が地域に密着したトランスレーターとして機能し，LMMA ネットワークがフィジー内外の地域コミュニティをつなぐトランスレーターとして地域主導型管理海域という仕組みの拡大と活性化を促しているように見える．地域からグローバルまでさまざまなスケールをつなぐ知識の生産，流通，活用を促す重層的トランスレーションが，異なるスケールにまたがる順応的ガバナンスの基盤を提供していることは確かだろう．

## 5.4 持続可能な社会への転換——科学の新しい役割

### (1) 知識の統合とトランスレーション

アフリカのマラウィ湖に始まって，世界各地のフィールドで，地域の課題の解決に貢献するための知識生産に参加し，分析するなかで，ぼくはひとりの科学者として，社会の一員としての自分の立ち位置と役割を問い続けてき

たように思える．ひとことでいえば，それは自分を含めた知識生産者としての科学者の機能を，社会のなかで行われているきわめて多様な知識生産のなかに位置づけ，相対化するプロセスだった．地域環境学ネットワークの結成から地域環境知プロジェクトにいたる一連の流れを通じて，ぼくが深くかかわり，よく知ることになった世界のさまざまな地域社会の事例は，地球環境と社会生態系システムの大きな変化のなかで，科学の役割もまた劇的に変化しつつあることを示している．個別の研究分野のなかで好奇心に駆動されて生産される専門的な知識だけでは，ダイナミックに変動する社会生態系システムが直面するさまざまな課題には対応できない．ぼくたちは，それに加えて，現実社会の課題に駆動され，科学者・専門家以外の多様なステークホルダーと協働したトランスディシプリナリー・アプローチを通じて課題解決指向の総合的な知識を生産する地域環境学という研究スタイルと，それによって生産される地域環境知が，持続可能な社会の構築と人間の福利の向上に重要だと考えてきた（佐藤，2015a）．科学者・専門家が生産する科学知以外にも，さまざまなステークホルダーが生活や生業を通じて生産する多様な知識体系が存在し，それらがすべて相互作用し，融合して，ぼくたちの意思決定とアクションを支える地域環境知が形成される．科学知は，このような総合的な知識基盤の一部を構成するにすぎない．

　では，ぼく自身をふくむ科学者・専門家がなりわいとしている分析的な思考，精密な因果関係の推定，論理的な予測，見過ごされがちな細部への目配りなどといった技能は，多様なステークホルダーの相互作用を通じた知識の創発プロセスのなかでは，もはや必要がないものなのだろうか．もちろんそんなことはない．性質が異なる多様な知識が地域社会の現場で生産され，相互作用しているときに，それらを特定の課題の解決という視点から再整理し，統合して，一貫した共有可能なストーリーに再編成するという作業は，科学的な思考がもっとも必要とされるものである．このような，性質が異なる知識を翻訳し，再編成して，立場や価値が異なるステークホルダーの間での共有を促すという機能は，知識の双方向トランスレーターが，さまざまな事例を通じて一貫して果たしてきたものだった．知識生産とは，新しい知識を生み出すことだけに限られるものではない．既存の多様な知識を再編成するプロセスもまた，広い意味での知識生産である．地域環境知の生産，流通，活

用を通じた持続可能な社会への転換を促すプロセスのなかでは，科学者・専門家は，狭義の知識生産に加えて，知識の双方向トランスレーターとして多様な知識の統合と再編成を促すという重要な役割を担うのである（佐藤，2015b）．

科学者・専門家は知識生産を主たる任務とし，生産された知識をほかのステークホルダーにもわかりやすいかたちに再整理して流通，活用させるプロセスは，科学コミュニケーターと呼ばれる別のアクターが担う，という発想がこれまではふつうだった．地域環境知の生産と活用のプロセスでは，このようなトランスレーション機能もまた，科学者・専門家自身が担うべきである．なぜなら，科学知以外の多様な知識に接し，ステークホルダーの視点を学び，課題解決の現場からのフィードバックを受けることが，科学者・専門家にとって，視野を拡大し，思考を深め，複雑な社会生態系システムの理解を深めるための，絶好の学習機会となるからである．科学者・専門家と多様なステークホルダーの相互作用を通じて，地域環境知の生産と活用にかかわるすべてのアクターが相互に学びあう社会的学習のプロセスが，トランスディシプリナリー・アプローチの特徴である．これまで知識生産者に位置づけられてきた科学者・専門家も，科学コミュニケーターとして知識の流通に特化した役割を付与されてきたアクターも，知識生産から活用にいたるすべてのプロセスにかかわる知識生産者であると同時に，知識ユーザーでもあることはいうまでもない．

地域の課題解決に向けた取り組みの現場では，科学者・専門家もまたひとりのステークホルダーとしてさまざまな知識を学びながら，知識のトランスレーター，そして知識ユーザーとしての役割を果たしている．複雑な社会生態系システムを前にして，科学者・専門家は自分の専門を離れた領域では自分もまたひとりの知識ユーザーであるという現実を直視することになる．これが科学者・専門家の謙虚な姿勢をもたらし，科学以外のさまざまな知識生産プロセスとそこで生産される知識を尊重し，学んでいくプロセスが駆動される．このような科学者・専門家の謙虚な姿勢は，地域社会の多様なステークホルダーのなかで信頼を獲得することにつながる．これまで見てきた地域の頼りになる目利きとしてのレジデント型研究者・トランスレーターは，すべてがこのような謙虚さにもとづく相互の信頼構築のプロセスを経験してき

ただろう．科学者・専門家をふくむ多様なステークホルダーの相互の信頼が，科学と社会の効果的な相互作用の基盤なのである．

## （2） 価値の創造

　世界各地のフィールドから集まった，問題解決指向の総合的知識生産と双方向トランスレーションの分析を通じて，多様なステークホルダーの協働を通じた持続可能な社会への転換を支える地域環境知の性質についても，いくつかの重要な要素が浮かび上がってきた．それぞれ異なる立場，世界観，価値を持つ多様なステークホルダーの有機的な協働を実現するためには，環境アイコンなどのような，ステークホルダーが共有できる価値が重要である．兵庫県豊岡市のコウノトリや西別川流域のシマフクロウ，コロンビア川流域のサケ科魚類，佐久鯉，さらには長野大学の里山再生の事例からは，レジデント型研究者やトランスレーターが，地域のなかに埋もれていた環境アイコンを可視化し，新しい価値として共有するプロセスを動かしてきたことがわかる．その際には，特別天然記念物とか絶滅危惧種，衰退した生態系といった生物学的な価値だけでなく，環境アイコンの生息を支える生態系が，持続可能な一次産業，観光，暮らしやすい地域の創出など，多くのステークホルダーにとって身近な価値にリンクしていることが重要である（佐藤，2008b）．抽象的で日常から離れた価値を持つ環境アイコンに，日常生活に近いリアルな価値をリンクさせることが，地域環境知の生産と活用のプロセスのなかで重要なポイントとなるだろう．

　地域社会のなかで多様なステークホルダーが協働してさまざまなイノベーションを起こしてきたという物語が紡ぎだされることも，共有可能な価値を創出する．コウノトリの野生復帰が実現できた，あるいはサケ科魚類の生息環境が改善された，といった目に見えやすい成果だけでなく，その背景で異なる利害を持つ人々がさまざまな障害を乗り越えて協働し，多くの人々がそれに充足感を感じ，地域の未来に対する希望が生まれてきた，といったストーリーが可視化されることが大切なのである．たとえば，西別川流域で100年後にも持続可能な一次産業が栄えている，白保集落でサンゴ礁と共生したさまざまな地域産業が生まれ，子どもたちが戻りたくなる地域社会ができている，などといった，地域の多くのステークホルダーが納得できる長期的な

ビジョンが形成されることも，さまざまな協働活動の活性化に大きな影響を与えるだろう．これによって，地域の社会生態系システムと，そのなかに生きる人々の課題解決に向けた取り組みに対する誇りと愛着が生まれ，地域のビジョンの達成に向けた息の長い取り組みが活性化されていく．

　ユネスコエコパークへの登録を目指す取り組み，あるいは地域の一次産業による国際資源管理認証の取得への取り組みは，国際的な制度や仕組みを地域の価値を高めるために活用するアプローチである．地域のステークホルダーが，国際的な価値が持つ意義を自らの地域環境知の体系のなかに位置づけ，国際的な制度や仕組みの活用に協働して取り組むことを通じて，地域の新しい魅力が可視化されていくだろう．こうしてつぎつぎに新しい価値を加えてダイナミックに地域が動いていくことが，また新しい物語を紡いでいく．フィジーの地域主導型管理海域（LMMA）の場合には，地域のステークホルダーとレジデント型研究者が協働して進めてきた水産資源管理と地域づくりの試みが，赤道賞という国際的な賞を受賞し，それを通じて先駆的な活動を動かしてきた地域自体に対して，新しい価値が付与された．宮崎県綾町は有機農法の推進と照葉樹林を環境アイコンとした地域づくり活動の長い蓄積があったが，ユネスコエコパークに登録されることを通じて，それに対する国際的な価値が加わった．

　このようにして創出された価値は，けっして静的で固定されたものではない．コロンビア川流域では，多くのステークホルダーに共通する環境アイコンとしてのサケ科魚類を中心としてさまざまなアクションが創発しているが，先住民コミュニティの深い自然資源とのつながりは，それ以外にもさまざまな潜在的アイコンを育んできた．こういった隠れた価値に新しい光をあて，ステークホルダーの協働の核となる環境アイコンとしての物語を構築していくことも，知識の双方向トランスレーターの重要な役割だろう．西別川流域では，シマフクロウに加えて，清流の生態系と人々のかかわりを象徴するバイカモをアイコンとして新しい活動が展開し，それが地域のステークホルダーのネットワークをダイナミックに変容させつつある（図 5.8）．虹別コロカムイの会の大橋さんは，バイカモというアイコンの危機を認識し，バイカモが象徴する生態系機能とサービスを整理してステークホルダーと共有することを通じて，新しいアクションを動かしている．地域でまだ可視化されて

第5章 新たな知の体系を求めて——地域環境学が目指すもの

図 5.8　西別川のバイカモは，新しいアクションの核となる環境アイコンとして機能し始めている．

いない隠れた価値を敏感に見つけだすことは，知識生産者・トランスレーターの重要な役割である．

（3）人々のつながりをつくりだす

　新しい価値が創出され，共有されることを通じて，地域環境知がダイナミックに変化していくプロセスは，地域内外の多様なステークホルダーのつながりをつくりだす．新しいつながりが生まれることが，ステークホルダーを多様化させ，新しいアクションを生み出し，地域環境知を変容させていく．恩納村漁協が創出したモズク養殖技術とそれを支えるサンゴ礁再生のための仕組みは，水産加工会社の視点からのトランスレーションを通じて，大都市の消費者と地域のつながりをつくりだした（家中，2012；佐藤，2015b）．国際資源管理認証も，認証製品の流通を介して，地域の生産者と遠隔地の消費者のつながりをつくりだすことができる．地域の自然資源に由来する産品の流通は，地域内外のつながりをつくりだす有効なチャンネルとして機能している．その際にとくに重要なのは，流通経路のトレーサビリティである．消費者が購入しようとする製品が，特定の地域に由来することが確実であることが，つながりをつくりだす基盤となる．国際資源管理認証のような仕組

みは，トレーサビリティを確保するためのさまざまな手段を備えている．水産加工会社もまた，トレーサビリティを保証するために説明責任を果たし，消費者の信頼を得る努力を怠らない．地域内外のつながりを創発するプロセスでも，知識生産者・トランスレーターと多様なステークホルダーの信頼が鍵となっている．

　日本 MAB 計画委員会（http://risk.kan.ynu.ac.jp/gcoe/MAB.html）は，日本におけるユネスコエコパークという制度の活用プロセスを効果的に動かすトランスレーターである．MAB 計画委員会は，それに加えて日本各地のユネスコエコパーク登録地，および候補地をつなぐネットワークを，多くのステークホルダーと協働して構築した．フィジーの地域主導型管理海域の場合も，南太平洋大学の研究者などのトランスレーターが，広域的なネットワークの設立に重要な役割を果たしている．ぼくたちの地域環境学ネットワークもまた，「地域主導型科学者コミュニティの創生」という研究プロジェクトがトランスレーターの役割を果たし，構築されたものである．このようなさまざまなネットワークは，共通の課題の解決に取り組む多様な地域内外のステークホルダーのつながりをつくりだすことをおもな機能としている．共通の課題を持つ人々のネットワークには，各地の課題解決への取り組みから生まれた地域環境知の流通を促し，相互学習の機会を提供するという重要な機能がある．ネットワークを通じた相互学習の恩恵を受けるのは，知識ユーザーとしてのステークホルダーだけではない．いや，むしろもっとも貴重な学習機会を得ているのは，ネットワークを推進している科学者・専門家やトランスレーターである．すでに述べたように，地域環境学ネットワークを通じた各地の事例との出会いは，ぼくにとって驚きの連続だった．このネットワークを通じたさまざまなフィールドと人々との出会いがなければ，それに続く地域環境知プロジェクトのアイデアは生まれることはなかったし，その地域環境知プロジェクトで得られた世界各地の人々とのつながりは，ぼく自身の地域環境学の展開を強力に後押ししてくれている．地域環境学ネットワークから生まれた「協働のガイドライン」や，赤道イニシアティブが構築した「12 のレッスン」は，このようなネットワークが科学者・専門家の思索を刺激したことの成果である．ここでも，科学者・専門家が地域のステークホルダーから謙虚に学ぶことの重要性を，あらためて強調しておくことにし

よう．

　もちろん，地域内外のつながりだけでなく，地域内での新しいステークホルダーとのつながりの創出の重要性も忘れてはならない．白保のサンゴ礁を活かした地域づくりへの動きは，レジデント型研究者が地域のカタリストとして，さまざまな地域のステークホルダーが協働できるプラットフォームを構築してきたことが基盤となっている（上村，2011）．西別川流域では，流域というシステムが持つ価値が可視化されることで漁業者と酪農家のつながりが構築され，さまざまなアクションの土台となってきた．地域内でのつながりがトランスレーションを通じて構築されていく際に，すでに存在が認識されているステークホルダーだけでなく，忘れられていたステークホルダーを可視化するプロセスにも留意する必要がある．これまで重視してこなかった人々が，トランスレーションの視点を変えることで，新しいステークホルダーとして浮上するのである．長野大学の里山再生ツールキットの構築プロセスで，ぼくたちは，じつは学生が重要な地域のステークホルダーであるという「発見」を経験した．入学すれば高い確率で4年間，地域住民として生活する学生が，さまざまな地域のアクションに重要な役割を果たし，彼らが創出した知識技術が大学という仕組みを通じて新しい学生に継承されていくことは，地域の活動を支える重要な要素にちがいない．そして，佐久鯉の再生活動を動かしてきた「佐久の鯉人倶楽部」の水間正さんは，地域の子どもたちが重要なステークホルダーであることを明瞭に意識している．伝統的な佐久鯉を家庭の食卓で楽しむ文化を再生していくプロセスで，水間さんたちは地域の子どもたちが佐久鯉の味に親しみ，求めることが，家庭の食卓を通じて大人たちの認識や価値観にも影響を与えると考えている．このような柔軟な発想をとることができれば，これまでにない多様なステークホルダーのつながりを創出し，さらにクリエイティブなアクションを創発できるだろう．

## （4）選択肢を創出する

　地域環境知の生産を通じて，多様なステークホルダーが課題の解決に向けたプロセスに参加する機会が創出されていることも，世界各地の事例から明らかになってきた．また，持続可能なライフスタイルや生産活動の選択肢が

可視化され，活用されていることも多い．このようにして個人レベルでの価値が変容し，具体的なアクションが創発することが，持続可能な社会に向けた転換を加速するにちがいない．1990年代に知識のトランスレーターの概念を提唱し，ぼくたちに大きな影響を与えた米国のマイケル・クロスビーさんは，現在はフロリダ州サラソタ市にある民間のレジデント型研究機関であるモート海洋研究所の所長を務めている（https://mote.org/）．モート海洋研究所は長い歴史を持つ独立財源による研究機関で，海洋環境に関する基礎研究の分野で優れた業績を上げてきたが，クロスビーさんが参加して以来，地域の具体的な課題の解決をサポートする研究に大きく舵を切ってきた．モートは魅力的な水族館も併設しており，研究活動や展示活動，さらにはサラソタ湾の自然を活用したエコツアーなどの推進には，1000人を超える地域のボランティアと，近隣の大学などからの多数のインターンが参加している（図5.9）．これ自体，レジデント型研究機関としての多面的な活動に，地域のステークホルダーが参加できる仕組みである．さらに，モートは地域の課題に駆動された問題解決指向の知識生産にも，多くのステークホルダーが参加できるプラットフォームを用意している．サラソタ湾では，地域の味覚として古くから人々に親しまれてきたベイ・スキャロップとよばれる小型のホタテガイ資源の枯渇が起こっている．その原因は単純ではなく，サラソタ湾

図5.9　モート海洋研究所が実施しているエコツアー．多くのボランティアやインターンが研究所の活動を支えている．

図 5.10　モートによるベイ・スキャロップ（ホタテガイの一種）のモニタリング調査.

の環境変動と食物網の変化が複雑にかかわっていると考えられている．ホタテガイを環境アイコンとして，資源の再生に向けて地域のステークホルダーによるさまざまなアクションが起こっており，そのなかでレジデント型研究機関としてのモートは，地域のステークホルダーと連携して，市民グループが放流を試みているホタテガイ幼生や稚貝のモニタリングや，稚貝の人工増殖のための技術開発を行っており，そのすべてのプロセスにボランティアやインターンが参加している（図 5.10）．また，地域の市民グループが行う活動に，モートの研究者が参加するチャンネルもある．ホタテガイの資源再生に向けた幼生の放流活動を中心的に担っているサラソタ・ベイ・ウォッチという NPO は，年に 1 回，スキャロップ・サーチ（ホタテガイ探し）という大規模イベントを開催し，放流効果のモニタリングを行っている．これにモートの研究者が参加し，科学的なモニタリングのための仕組みづくりをサポートしている．モート研究者とインターンによる定期的なホタテガイ稚貝のモニタリングの成果は，ウェブサイトなどを通じてステークホルダーと共有されている．ホタテガイ再生に向けたモニタリングや技術開発に参加することを通じて，ボランティアやインターンは新たなステークホルダーと出会い，協働を深めることができる．市民の活動に参加することを通じて，モートの

研究者は多様なステークホルダーの価値やビジョンに接し，理解を深め，相互の信頼を醸成することができる．ここでも，多様な参加のチャンネルが構築されることで，科学者・専門家とそれ以外のステークホルダーの相互学習の機会が創出されている．

　持続可能な一次産業の生産活動を認証する国際資源管理認証などの仕組みは，認証を受けた生産者に，消費者が認証製品を選択することを通じて経済的な利益をもたらす仕組みである．漁業者や林業者にとって，持続可能な生産を行う選択肢があったとしても，それが経済的なマイナスにつながるようだと，実際に選択することはきわめてむずかしい．環境問題の解決につながる知識技術が生産されても，それがステークホルダーに受け入れられず，普及しないという現象の背後には，しばしば経済的な問題が潜んでいる．資源管理認証は，消費者が持続可能な生産活動の価値を知り，それに対して正当な対価を支払うという選択肢を提供することを通じて，消費者の持続可能なライフスタイルに向けた変容を促すことができる．また，持続可能な生産活動が消費者の選択を通じて市場で評価され，付加価値を生むことによって，生産者にとっての経済的な制約が緩和されることが期待できる．もちろん，選択肢がたったひとつしかないと，さまざまな制約条件から現実には持続可能な選択肢を採用できないという状況がよく起こる．地域の社会生態系システムの多様性と複雑性のもとでは，すべての地域社会で使える選択肢を設計することは不可能である．そこでぼくたちは，里山再生ツールキットというアイデアを思いついた．里山の森の持続可能な利用のために役立つ可能性がある多様なツールを用意し，さまざまな地域社会のステークホルダーが，個人の立場や価値，地域の特性などに応じてどれかを選択できる状況をつくりだそうという発想だ．地域環境知プロジェクトでは，日本各地の漁業者による水産資源管理の多様な試みを収集し，それをツールボックスとして整理して，各地の漁業者に持続可能な実践の選択肢を提供する試みが進展している（Makino, 2011）．持続可能な社会の実現のための多様な選択肢が可視化されており，それを選択して試すことができるという状態が，持続可能な社会へ向かうアクションを創発させると考えるのである．

　消費者や生産者による認証制度の選択や，多様なステークホルダーによるツールの選択を通じて，これらの選択肢を開発し運用してきた人々は，知識

ユーザーからのフィードバックを受けて仕組みやアプローチを改善していくことができる．その改善の結果が新たな選択肢の設計に活かされ，社会の現場でテストされていく．このようにして，科学者・専門家とステークホルダーの相互作用と相互学習が駆動されて，持続可能な社会に向かう選択肢が順応的に整備されていくのである．

### (5) アクションをつくりだす

地域社会が直面するさまざまな課題を解決しながら，持続可能な社会への転換が進んでいくためには，個人，地域からグローバルにいたるさまざまなレベルで，多様なステークホルダーの協働による集合的アクションが起こらなければならない (Ireland and Thomalla, 2011)．もちろん，地域社会が直面する困難な課題が，集合的アクションが起こることで一朝一夕に解決されるわけではない．しかし，小さなアクションの着実な積み重ねがないところに，社会の転換は起こりえないだろう．多様なステークホルダーの協働は，集合的アクションを通じて人々の結びつきを強化し，さまざまな参加の機会や持続可能な選択肢を創出し，持続可能な社会に向かう取り組みの物語を紡ぎだす．社会の持続可能性への転換は，集合的アクションの積み重ねを出発点としているのかもしれない．

集合的アクションが創発する前提として，アクションによって解決ないし改善が可能な課題が可視化されている必要がある．地域社会が困難な課題に直面している状態は，望ましいことではない．しかし，課題の解決ないし改善への見通しが見えてくれば，課題は一転して好機に変わる．地域のステークホルダーが現実的なアクションを通じて解決することが可能で，その解決を多くのステークホルダーが望む課題を抽出することが，集合的アクション創発の第一歩である．白保の礁池でシャコガイが少なくなっていることが多くのステークホルダーに認識されたことが，地域ぐるみのシャコガイ放流活動の契機となった．西別川の河川環境が劣化していることが漁業者の調査によって明らかになったことが，その後長期にわたって続く植林活動の契機となった．身近な小さな課題であっても，それを解決する，あるいは改善することを通じて実現される未来のビジョンが明確であれば，西別川のような長期的な活動を継続することすら可能になる．

集合的アクションを実際に起こすことは，けっして容易ではない．地域のステークホルダーが実現可能な対策と，それを具体化する技術が必要だからである．白保のシャコガイの場合には，種苗生産の技術を持つ沖縄県水産海洋研究センターとのつながりができ，地域のトランスレーターを通じて種苗放流のためのさまざまな具体的な技術がもたらされたことが，アクションの創発に決定的に重要だった．西別川流域の植林活動は，苗木の生産と効率の高い植えつけの技術に支えられている．多様なステークホルダーが利用できる具体的な技術が存在し，アクセス可能であることが，アクションを後押しする．

　地域環境知が基盤となって社会の転換を促すアクションが創発するときには，生業を通じて蓄積された知識技術が重要な役割を果たすことが多い．恩納村漁協が開発した独自の造礁サンゴ類養殖技術は，地域内外の多様なステークホルダーが協働したサンゴ植えつけ活動に必要不可欠である．西別川流域のバイカモ保護活動では，サケの定置網に使われている中古の漁網とアンカーを利用し，巧みな工夫を重ねてエゾシカによる食害を防ぐ技術が開発されている．佐久鯉の再生活動で使われている技術は，地域で伝統的な稲田養鯉に使われてきたものがベースになっているし，長野大学の学生によるさまざまな里山再生活動で開発されたツールの多くも，地域の生業や伝統的技術からヒントを得ている．地域社会の具体的な課題の解決のための技術開発には，地域の現場から離れたところで生産される科学技術よりも，現実のなかで磨かれてきた生業にかかわる知識技術が頼りになる．

　地域の具体的な課題の解決に向けた集合的アクションを通じて持続可能な社会が構築され，人間の福利が向上するまでに，いったいどれくらいの時間がかかるのだろう．地球環境と人間社会の急激な変化を前にして，小さなアクションを積み重ねることがなにか解決をもたらすのだろうか．自分自身にこのような問いを投げかけると，持続可能な社会への転換を促すことを目指す地域環境学の意味すら，疑いたくなる．そのようなとき，いつも思い出すのが，西別川流域で「シマフクロウの森づくり100年事業」という途方もない事業を継続している「虹別コロカムイの会」の舘定宣会長の言葉だ．

　「シマフクロウをシンボルに，地域の基幹産業である酪農，漁業を未来永

劫にわたって存続させたい．自分の目では見られなくても，きっと100年後にはその基礎ができている」(佐藤，2011)

　自分の眼で結果を確認できなくても，自分がその恩恵にあずかることができなくても，それでも着実にアクションを積み重ねるこの潔さは，ほんとうに気持ちがよい．社会のための新しい科学としての地域環境学が，科学と社会の関係を変容させ，地域環境知を基盤として，社会が持続可能性に向けた転換を遂げるのがいつの日になるか，ぼくにはまったく見当がつかない．複雑な社会生態系システムは予測できないふるまいをする．社会から環境問題が消えることはない．それでも，きっと100年後には持続可能な社会の基礎ができていると信じ，地域のさまざまな立場の人々と協働し，学びながら，望ましい未来に近づくために科学者としての知識生産とアクションを積み重ねていくこと．ぼくがアフリカに始まる世界のさまざまなフィールドとのかかわりを通じて学んできたのは，こういうことだったのだ．フィールドから学び続ける地域環境学の探究に，終着駅はない．

# 引用文献

［和文］

井出孫六．1995．信州奇人考．平凡社，東京．
池田啓．1999．ニッチェを超えて 「環境保全学」を織りだす——すべての学問を坩堝（るつぼ）に．エコソフィア，4:62-65.
嘉田由紀子・中山節子・ローレンス，マレカノ．2002．ムブナはおいしくない？ アフリカ，マラウィ湖の魚食文化と環境問題．（宮本正興・松田素二，編：現代アフリカの社会変動——ことばと文化の動態観察）pp.260-283．人文書院，京都．
鹿熊信一郎．2010．サンゴ礁海域における多面的機能・里海・海洋保護区．漁港，52:38-45.
上村真仁．2007．石垣島白保「垣」再生——住民主体のサンゴ礁保全に向けて．地域研究，3:175-188.
上村真仁．2010．石垣島白保集落における里海再生——サンゴ礁文化の保全・継承を目指して．Ship & Ocean Newsletter, 235.
　　http://www.sof.or.jp/jp/news/201-250/235_1.php（2015.07.09）
上村真仁．2011．白保サンゴ礁の保全に資する持続可能な地域づくり——沖縄県石垣島白保集落での取り組み．「つな環」，17:10-12.
上村真仁．2012．離島での暮らしのデザイン——サンゴ礁文化の継承を核にした地域再生．BIOCITY, 52:41-47.
環境省．2014．第4次レッドリストの公表について．
　　https://www.env.go.jp/press/15619.html（2015.07.09）
菊地直樹．2003．兵庫県但馬地方における人とコウノトリの関係論——コウノトリをめぐる「ツル」と「コウノトリ」という語りとかかわり．環境社会学研究，9:153-170.
菊地直樹．2006．蘇るコウノトリ——野生復帰から地域再生へ．東京大学出版会，東京．
菊地直樹．2012．兵庫県豊岡市における「コウノトリ育む農法」に取り組む農業者に対する聞き取り調査報告．野生復帰，2:103-119.
菊地直樹．2013．コウノトリを軸にした小さな自然再生が生み出す多元的な価値——兵庫県豊岡市田結地区の順応的なコモンズ生成の取り組み．（宮内泰介，編：なぜ環境保全はうまくいかないのか——現場から考える「順応的ガバナンス」の可能性）pp.196-220．新泉社，東京．
国連開発計画．2013．人間開発報告書2013．
　　http://www.jp.undp.org/content/dam/tokyo/docs/Publications/HDR/2013/UNDP_Tok_HDR2013Contents_20150603.pdf（2015.07.09）

国際連合大学高等研究所日本の里山里海評価委員会．2012．里山・里海——自然の恵みと人々の暮らし．朝倉書店，東京．
コウノトリ野生復帰推進協議会．2003．コウノトリ野生復帰推進計画——コウノトリと共生する地域づくりをめざして．
　　http://web.pref.hyogo.jp/tj01/documents/000019355.pdf（2015.07.09）
牧野光琢．2014．コモンズとしての海洋生態系と水産業．（秋道智彌，編：日本のコモンズ思想）pp. 213-229．岩波書店，東京．
松田裕之．2008．生態リスク学入門——予防的順応的管理．共立出版，東京．
ミレニアム生態系評価（横浜国立大学21世紀COE翻訳委員会訳）．2007．生態系サービスと人類の将来．オーム社，東京．
宮内泰介．2013．「ズレ」と「ずらし」の順応的ガバナンスへ——地域に根ざした環境保全のために．（宮内泰介，編：なぜ環境保全はうまくいかないのか——現場から考える「順応的ガバナンス」の可能性）pp. 318-327．新泉社，東京．
森岡正博．1998．総合研究の理念——その構想と実践．現代文明学研究，1：1-18．
長野大学．2007．森とともに生きる地域社会の未来を拓く　長野大学「恵みの森再生プロジェクト」．
　　http://www.nagano.ac.jp/sp/res/20081003021131297242783.pdf（2015.07.09）
長野大学．2008．森の恵みクリエイター養成講座（森の生態系サービスの活用を学ぶ環境教育）．
　　http://www.nagano.ac.jp/education_research/gp-meguminomori/creater/index.html（2015.07.09）
長野大学．2011．森の生態系サービスの活用を学ぶ環境教育　成果報告書．
　　https://nagano.repo.nii.ac.jp/index.php?active_action=repository_view_main_item_detail&page_id=13&block_id=17&item_id=27&item_no=1（2015.07.09）
日本サンゴ礁学会．2013．沖縄県石垣島「白保海域等利用に関する研究者のルール」遵守のお願い．
　　http://www.jcrs.jp/wp/?p=2294（2015.07.09）
西崎伸子．2009．抵抗と協働の野生動物保護——アフリカのワイルドライフ・マネージメントの現場から．昭和堂，京都．
野池元基．1990．サンゴの海に生きる——石垣島・白保の暮らしと自然．社団法人農山漁村文化協会，東京．
大元鈴子・佐藤哲・内藤大輔．2016．国際資源管理認証——エコラベルと地域の潜在力．東京大学出版会，東京．
佐藤哲．2005．ユーザーを意識した知識生産——開発と環境の両立をめざす科学とは？（新崎盛暉・比嘉政夫・家中茂，編：地域の自立　シマの力［上］）pp. 290-313．コモンズ，東京．
佐藤哲．2008a．地域環境をめぐる科学と社会——外来の知識と土着的知識体系のかかわり．（松永澄夫，編：環境——文化と政策）pp. 159-184．東信堂，東京．
佐藤哲．2008b．環境アイコンとしての野生生物と地域社会——アイコン化のプロセスと生態系サービスに関する科学の役割．環境社会学研究，14：70-85．
佐藤哲．2009a．半栽培と生態系サービス——私たちは自然から何を得ているか．（宮内泰介，編：半栽培の環境社会学——これからの人と自然）pp. 22-44．昭

和堂,京都.
佐藤哲.2009b.知識から智慧へ——土着的知識と科学的知識をつなぐレジデント型研究機関.(鬼頭秀一・福永真弓,編:環境倫理学)pp.211-226.東京大学出版会,東京.
佐藤哲.2009c.第三者意見書——株式会社四季工房・環境社会報告書.四季工房,郡山.
佐藤哲.2011.流域の視点から自然と向き合う——民俗知と科学の相互作用.BIOSTORY, 15:64-67.
佐藤哲.2012.鯉を育てる人々.食生活, 106:41-45.
佐藤哲.2013a.グローバルな価値と地域の取り組みの相互作用——有明海の干潟における順応的ガバナンスの形成.(宮内泰介,編:なぜ環境保全はうまくいかないのか——現場から考える「順応的ガバナンス」の可能性)pp.272-294.新泉社,東京.
佐藤哲.2013b.サンゴ礁を育て,海を育むチーム美らサンゴと恩納村の取り組み.ていくおふ, 133:28-30.
佐藤哲.2014a.知識を生み出すコモンズ——地域環境知の生産・流通・活用.(秋道智彌,編:日本のコモンズ思想)pp.196-212.岩波書店,東京.
佐藤哲.2014b.知の生産と流通.(総合地球環境学研究所,編:地球環境学マニュアル1 共同研究のすすめ)pp.100-103.朝倉書店,東京.
佐藤哲.2015a.サステイナビリティ学の科学論——課題解決に向けた統合知の生産.環境研究, 177:52-59.
佐藤哲.2015b.自然資源管理と生産者.(鷲田豊明・青柳みどり,編:環境政策の新地平8 環境を担う人と組織)pp.43-64.岩波書店,東京.
清水万由子.2013.まなびのコミュニティをつくる——石垣島白保のサンゴ礁保護研究センターの活動と地域社会.(宮内泰介,編:なぜ環境保全はうまくいかないのか——現場から考える「順応的ガバナンス」の可能性)pp.247-271.新泉社,東京.
白保魚湧く海保全協議会.2005.私たちについて 伝えたいこと.
http://www.sa-bu.com/message/message.html (2015.07.09)
田和正孝.2007.石干見——最古の漁法.法政大学出版局,東京.
地域環境学ネットワーク.2011.地域と科学者の協働のガイドライン.
http://lsnes.org/guideline/ (2015.07.09)
豊岡市.2006.豊岡市コウノトリと共に生きるまちづくりのための環境基本条例.
http://www3.city.toyooka.lg.jp/reiki/reiki_honbun/r269RG00000622.html
(2015.07.09)
魚垣の会.1988.サンゴ礁文化圏の自然生活誌——八重山白保部落のイノーと暮らし.トヨタ財団,東京.
柳哲雄.2006.里海論.恒星社厚生閣,東京.
家中茂.2012.里海の多面的関与と多機能性——沖縄県恩納村漁協の実践から.(松井健・野林厚志・名和克郎,編:生業と生産の社会的布置)pp.89-121.岩田書院,東京.
家中茂.2014.里海と地域の力——生成するコモンズ.(秋道智彌,編:日本のコ

モンズ思想）pp. 67-88. 岩波書店, 東京.
安村茂樹・前川聡・佐藤哲. 2004. 沖縄県石垣島白保サンゴ礁海域における赤土堆積量の時空間分布について. 保全生態学研究, 9:117-126.
安室知. 1998. 水田をめぐる民俗学的研究――日本稲作の展開と構造. 慶友社, 東京.
安室知. 2005. 水田漁撈の研究――稲作と漁撈の複合生業論. 慶友社, 東京.

[英文]
Abbot, J. I. O. and R. Mace. 1999. Managing protected woodland : fuelwood collection and law enforcement in Lake Malawi National Park. Conservation Biology, 13 : 418-421.
Araki, H., Cooper, B. and M. S. Blouin. 2007. Genetic effects of captive breeding cause a rapid, cumulative fitness decline in the wild. Science, 318 : 100-103.
Augerot, X. 2005. Atlas of Pacific Salmon : The First Map-Based Status Assessment of Salmon in the North Pacific. University of California Press, Oakland.
Berkes, F. 1993. Traditional ecological knowledge in perspective. In (J. T. Inglis, ed.) Traditional Ecological Knowledge : Concepts and Cases. pp. 1-10. International Program on Traditional Ecological Knowledge and International Development Research Centre, Ottawa.
Costanza, R., d' Arge, R., de Groot, R., Farber, S., Grasso, M., Hannon, B., Limburg, K., Naeem, S., O'Neill, R. V., Paruelo, J., Raskin, R. G., Sutton, P. and M. van den Belt. 1997. The value of the world's ecosystem services and natural capital. Nature, 387 : 253-260.
Cramer, M. L. 2012. Stream Habitat Restoration Guidelines. Washington Departments of Fish and Wildlife, Natural Resources, Transportation and Ecology, Washington State Recreation and Conservation Office, Puget Sound Partnership, and the U. S. Fish and Wildlife Service. Olympia, Washington, D. C.
Crosby, M. P., Geenen, K. S. and R. Bohne. 2000. Alternative Access Management Strategies for Marine and Coastal Protected Areas : A Reference Manual for Their Development and Assessment. U. S. Man and Biosphere Program, Washington, D. C.
Dittman, A. H., May, D., Larsen, D. A., Moser, M. L., Johnston, M. and D. Fast. 2010. Homing and spawning site aelection by supplemented hatchery- and natural-origin Yakima River spring chinook salmon. Transactions of the American Fisheries Society, 139 : 1014-1028.
Fast, D. 2002. Design operation and monitoring of a production scale supplementation research facility. In (E. L. Brannon and D. MacKinlay, eds.) Hatchery Reform : The Science and the Practice. pp. 23-36. International Congress on the Biology of Fish. University of British Columbia, Vancouver.
Federal Columbia River Power System. 2001. The Columbia River System Inside Story. Bonneville Power Administration, Portland.
Ferguson, J. W., Matthews, G. M., McComas, R. L., Absolon, R. F., Brege, D. A.,

Gessel, M. H. and L. G. Gilbreath. 2005. Passage of Adult and Juvenile Salmonids through Federal Columbia River Power System Dams. NOAA Technical Memorandum NMFS-NWFSC-64. Northwest Fisheries Science Center, Seattle.

Flagg, T. A. and C. F. Nash. 1999. A Conceptual Framework for Conservation Hatchery Strategies for Pacific Salmonids. U. S. Department of Commerce, NOAA Technical Memorandum NMFS-NWFSC-38, Seattle.

Folke, C., Hahn, T., Olsson, P. and J. Norberg. 2005. Adaptive governance of social-ecological systems. Annual Review of Environment and Resources, 30 : 441–473. DOI : 10.1146/annurev.energy.30.050504.144511.

Folke, C. 2006. Resilience : the emergence of a perspective for social-ecological systems analyses. Global Environmental Change, 16 : 253–267.

Gibbons, M. 1999. Science's new social contract with society. Nature, 402 : C81–84.

Glaser, M., Krause, G., Ratter, B. and M. Welp. 2008. Human/nature interaction in the Anthropocene : potential of social-ecological systems analysis. Gaia, 17 : 77–80.

Gore, M. and P. Doerr. 2000. Salmon recovery and fisheries management : the case for dam breaching on the Snake River. Policy Perspectives, 7 : 37–47.

Government of Malawi. 1981. Lake. Malawi National Park Master Plan. Department of National Parks and Wildlife, Lilongwe.

Government of Malawi. 2002. Malawi State of the Environment Report. Department of Environmental Affairs, Lilongwe.

Government of Malawi. 2012. National Fisheries Policy 2012–2017. Ministry of Agriculture and Food Security, Lilongwe.

Hadorn, G. H., Hoffmann-Riem, H., Biber-Klemm, S., Grossenbacher-Mansuy, Joye, D., Pohl, C., Wiesmann, U. and E. Zemp. 2008. Handbook of Transdisciplinary Research. Springer, Dordrecht, Heidelberg, London, New York.

Harrison, J. 2011. Endangered Species Act and Columbia River Salmon and Steelhead. Columbia River History Project.
https://www.nwcouncil.org/history/EndangeredSpeciesAct（2015.07.09）

IPCC. 2014. Climate Change 2014 : Synthesis Report.
https://www.ipcc.ch/pdf/assessment-report/ar5/syr/SYR_AR5_FINAL_full.pdf（2015.07.09）

Ireland, P. and F. Thomalla. 2011. The role of collective action in enhancing communities' adaptive capacity to environmental risk : an exploration of two case studies from Asia. PLOS Currents Disasters, Edition 1. DOI : 10.1371/currents. RRN1279.

Johannes, R. E., Freeman, M. M. R. and R. J. Hamilton. 2000. Ignore fishers' knowledge and miss the boat. Fish and Fisheries, 1 : 257–271.

Jones, K. L., Poole, G. C., Quaempts, E. J., O'Daniel, S. and T. Beechie. 2008. Umatilla River Vision. CTUIR Department of Natural Resources, Milton-Freewater.

Lang, D. J., Wiek, A., Bergmann, M., Stauffacher, M., Martens, P., Moll, P., Swilling, M. and C. J. Thomas. 2012. Transdisciplinary research in sustainability science : practice, principles, and challenges. Sustainability Science, 7（Supplement 1）:

25-43. DOI : 10.1007/s11625-011-0149-x.
LoVullo, T. J., Stauffer, J. R. and K. R. McKaye. 1992. The diet and growth of a *Bagrus meridionalis* brood in Lake Malawi, Africa. Copeia, 1992 : 1084-1088.
Mahoney, B. D., Lambert, M. B., Olsen, T. J., Hoverson, E., Kissner, P. and J. D. M. Schwartz. 2006. The Walla Walla Basin Natural Production Monitoring and Evaluation Project 2004-2005 Progress Report. CTUIR Department of Natural Resources, Milton-Freewater.
Makino, M., Matsuda, H. and Y. Sakurai. 2009. Expanding fisheries co-management to ecosystem management : a case in the Shiretoko World Natural Heritage Area, Japan. Marine Policy, 33 : 207-214.
Makino, M. 2011. Fisheries Management in Japan : Its Institutional Features and Case Studies. Springer, Dordrecht, Heidelberg, London, New York.
Matsuda, H., Makino. M. and Y. Sakurai. 2009. Development of an adaptive marine ecosystem management and co-management plan at the Shiretoko World Heritage Site. Biological Conservation, 142 : 1937-1942.
Mauser, W., Klepper, G., Rice, M., Schmalzbauer, B. S., Hackmann, H., Leemans, R. and H. Moore. 2013. Transdisciplinary global change research : the co-creation of knowledge for sustainability. Current Opinion in Environmental Sustainability, 5 : 420-431. DOI : 10.1016/j. cosust. 2013.07.001.
Moser, M. L. and D. A. Close. 2003. Assessing Pacific lamprey status in the Columbia River basin. Northwest Science, 77 : 116-124.
National Research Council. 2004. Managing the Columbia River : Instream Flows, Water Withdrawals, and Salmon Survival. The National Academies Press, Washington, D. C.
Oberheim, E. and P. Hoyningen-Huene. 2013. The incommensurability of scientific theories. *In* (E. N. Zalta, ed.) The Stanford Encyclopedia of Philosophy. http://plato.stanford.edu/archives/spr2013/entries/incommensurability/ (2015.07.09)
Open Working Group on Sustainable Development Goals. 2014. Open Working Group Proposal for Sustainable Development Goals.
http://sustainabledevelopment.un.org/focussdgs.html (2015.07.09)
Parkyn, S. 2004. Review of Riparian Buffer Zone Effectiveness. MAF Technical Paper No : 2004/05. Ministry of Agriculture and Forestry (New Zealand), Wellington.
Planck, J., McAllister, D. E. and A. McAllister. 1988. Shiraho Coral Reef and the Proposed New Ishigaki Island Airport, Japan, with a Review of the Status of Coral Reefs of the Ryukyu Archipelago, Japan. Species Survival Commission, International Union for the Conservation of Natural Resources, Gland.
Ribbink, A. J. 2003. Western Indian Ocean Programmes : the coelacanth as an icon for marine biodiversity and conservation. *In* (C. Decker, C. Griffiths, K. Prochazka, C. Ras and A. Whitfield, eds.) Marine Biodiversity in Sub-Saharan Africa : The Known and the Unknown. pp. 246-252. 23-26 September 2003

Workshop Reports, Cape Town.
Roberts, W. 1997. Celilo Falls : Remembering Thunder. Wasco County Historical Museum, Dalles, Oregon.
Sato, T. 1986. A brood parasitic catfish of mouthbrooding cichlid fishes in Lake Tanganyika. Nature, 323 : 58-59.
Sato, T. 1994. Active accumulation of spawning substrate : a determinant of extreme polygyny in a shell-brooding cichlid fish. Animal Behaviour, 48 : 669-678.
Sato, T., Makimoto, N., Mwafulirwa, D. and S. Mizoiri. 2008. Unforced control of fishing activities as a result of coexistence with underwater protected areas in Lake Malawi National Park, East Africa. Tropics, 17 : 335-342.
Sato, T. 2014. Integrated local environmental knowledge supporting adaptive governance of local communities. *In* (C. Alvares, ed.) Multicultural Knowledge and the University. pp. 268-273. Multiversity India, Mapusa.
Smith, C. 2013. Implementation and Effectiveness Monitoring Results for the Washington Conservation Reserve Enhancement Program (CREP) : Buffer Performance and Buffer Width Analysis. Washington State Conservation Commission, Seattle.
Snoeks, J. 2004. The Cichlid Diversity of Lake Malawi/Nyasa/Niassa : Identification, Distribution and Taxonomy. Cichlid Press, El Paso.
Stevenson, M. G. 1996. Indigenous knowledge in environmental assessments. Arctic, 49 : 278-291.
Sturgis, P. and N. Allum. 2004. Science in society : re-evaluating the deficit model of public attitudes. Public Understanding of Science, 13 : 55-74.
UNDP. 2012a. The Power of Local Action : Communities on the Frontline of Sustainable Development. UNDP, New York.
UNDP. 2012b. Fiji Locally-Managed Marine Area Network, Fiji. Equator Initiative Case Study Series. UNDP, New York.
UNESCO. 1996, Biosphere Reserves : The Seville Strategy and the Statutory Framework of the World Network. UNESCO, Paris.
UNESCO. 1999. Declaration on Science and the Use of Scientific Knowledge. http://www.unesco.org/science/wcs/eng/declaration_e.htm (2015.07.09)
Western, D. and R. M. Wright. 1994. The background to community-based conservation. *In* (D. Western and R. M. Wright, eds.) Natural Connections : Perspectives in Community-based Conservation. pp. 1-12. Island Press, Washington, D.C.
Wilkinson, C. 2000. Status of Coral Reefs of the World 2000. Australian Institute of Marine Science (AIMS). Global Coral Reef Monitoring Network (GCRMN), Townsville.
Wong, Y.-J., Sivasundar, A., Wang, Y. and J. Hey. 2005. On the origin of Lake Malawi cichlid species : a population genetic analysis of divergence. PNAS, 102 : 6581-6586. DOI : 10.1073pnas. 0502127102.

World Bank. 2015. Poverty Overview. 
　　http://www.worldbank.org/en/topic/poverty/overview（2015.07.09）

# おわりに

　東アフリカのマラウィ湖の人と自然のかかわりに始まり，石垣島白保のサンゴ礁管理，兵庫県豊岡市のコウノトリ野生復帰，長野県佐久市の佐久鯉再生，北海道西別川の流域再生，長野大学の里山管理，米国のコロンビア川流域のサケ科魚類の生息環境再生についての詳細な分析に，福島県郡山市の株式会社四季工房，沖縄の恩納村漁協，国連開発計画の赤道イニシアティブ，フィジー共和国の地域主導型管理海域，フロリダ州のモート海洋研究所などについての考察を加えた，世界各地の多様な事例をめぐる長い知的探求の旅が一段落した．この旅は，複雑な地域の社会生態系システムと対峙し，さまざまな人々との出会いを通じて，課題駆動型で問題解決指向の総合的なフィールドサイエンスのあり方を探究し，地域環境学として体系化し，その内容を深めていくプロセスだった．ふと立ち止まってみると，科学的な知識生産のあり方は，1990年代以降，世界的にも大きく変化してきたことがわかる．環境問題に代表される人類が直面する深刻な課題の解決を目指す，課題駆動型の総合科学が存在感を増し，そのなかでぼくたちが探索してきたトランスディシプリナリー・アプローチの重要性が，広く認識されるようになってきたのである．

　環境と開発に関する世界委員会による1987年の「ブルントラント報告」や，1992年の国連環境開発会議で採択された「環境と開発に関するリオ宣言」がきっかけとなって，持続可能な社会の実現という価値が人々に広く受け入れられるようになった．そして，社会の持続可能性に向けた転換をうながすさまざまな活動が世界各地で始まり，それをサポートすることを目指す問題解決指向の総合科学の試みも活性化している．2013年には，国際科学会議が主導して，持続可能性に向けた社会の転換を促すための総合研究を推進する10年間の巨大プログラム「フューチャーアース」が発足した．そこでは，地球規模の課題解決を促す科学におけるトランスディシプリナリー・アプローチの重要性が，はっきりとうたわれている．ぼくたちが探究してき

た地域環境学のアプローチは，世界の科学の動向を，地域社会のフィールドから先取りするものだった．

　このような大きな流れが起こってきた背景には，環境問題に代表されるさまざまな課題に，解決の兆しが見えないという悲しい現実がある．人間活動に起因する気候変動への対応については，2015年12月に新たな国際的枠組みとなる歴史的なパリ協定が採択されたが，これが正式に発効し，具体的な成果につながるかどうか，まだまだ不安が残る．生物資源への圧力は増大し続け，都市と農山漁村，先進国と開発途上国の格差と不公平はむしろ拡大し，陸でも海でも生態系の劣化には歯止めがかかっていない．2015年9月に国連が発表した「持続可能な開発目標」は，今後15年の間に人類が解決すべき17の課題を掲げている．貧困と飢餓の撲滅，責任ある生産と消費の実現，気候変動の緩和，生物資源の持続可能な利用など，どれをとっても一筋縄ではいかない課題が並んでいる．この現実を前にして，地域社会の現場から持続可能な社会に向けたアクションを積み重ねること，そして，その基礎となる総合的な知識基盤を継続的に生産することの重要性はますます増している．地域社会につぎつぎと立ち現れる困難な課題に対する取り組みを，現場に密着した課題駆動型で問題解決指向の知識生産を通じてサポートする地域環境学は，これからもダイナミックに進化していくだろう．それは，ぼく自身のフィールドサイエンティストとしての知の探究にも，終わりがないことを意味している．地域社会に解決すべき課題がある限り，その解決を支える知識生産のあり方の探索を続け，多くの仲間たちとともに地域環境学を磨き上げ，世界各地の地域社会が直面する困難な課題の解決に，少しでも役立っていきたいとあらためて思う．

　それぞれの地域社会で課題解決を目指して奮闘する多くの人々との出会いがなければ，ぼくはトランスディシプリナリー・アプローチを展開するきっかけすらつかめず，地域環境学を着想することも，それを育てていくこともできなかっただろう．本書で取り上げた地域社会のフィールドで，ぼくにさまざまな刺激と新しい発想を与えてくれた多くの方々に心から感謝したい．ぼくをアフリカに導いてくれた川那部浩哉さん，フィールドワークの基礎を教えてくれた柳沢康信さんをはじめとする研究チーム「マネノの会」のみなさん，そしてぼくとアフリカ社会の出会いのきっかけをつくってくれた，ザ

イール（現コンゴ民主共和国）ウビラ水域生物学研究所のみなさん，とくに，ンショムボ・ムデルワさんとジャン・ボスコ・ガシャガザさんに，まずは深く感謝したい．マラウィ湖で共同研究を行った今は亡きハーベイ・カブワジさんとデイビッド・ムワフリルワさん，日本側からプロジェクトを率いた遊磨正秀さんと嘉田由紀子さん，現在いっしょに研究を展開しているダイロ・ペンバさんをはじめとする多くの研究者とチェンベ村の人々は，ぼくを狭い専門分野から引きずり出し，地域社会の現実を直視するきっかけを与えてくれた．

石垣島白保のWWFサンゴ礁保護研究センターの上村真仁さん，前川聡さん，鈴木智子さん，安村茂樹さん，小林孝さん，白保地区のたくさんの方々，WWFジャパンのみなさんには，レジデント型研究のあり方についての多くの示唆をいただいた．兵庫県豊岡市との出会いは，今は亡き池田啓さんの導きによるものだった．兵庫県立コウノトリの郷公園の方々，豊岡市のみなさんとの交流は，環境アイコンという概念の構築に決定的に重要だった．水間正さんをはじめとする佐久の鯉人倶楽部のみなさんの佐久鯉に対する情熱は，地域の資源利用文化の底力を身に染みて教えてくれた．北海道西別川流域の再生活動を展開する大橋勝彦さん，舘定宣さん，虹別コロカムイの会のみなさんは，地域のアクションをおこす達人で，ぼくはその魔術に幻惑され続けている．長野大学の高橋一秋さん，高橋大輔さん，三上光一さん（現一般社団法人地域環境資源センター），そして学生たちや地域の方々との出会いによって，ぼくは人と里山のかかわりに関する視界を大きく拡大できた．コロンビア川流域で出会ったアキラ・タケモトさん，マイク・デニーさん，アシュレイ・トラウトさん，ブラウン家のみなさん，デーブ・ファストさん，キャロル・スミスさんは，広大な流域のなかでも，ひとりひとりの小さなアクションが積み重なることが，大きなインパクトをもたらすことを教えてくれた．

株式会社四季工房の野崎進さんのエネルギーとクリエイティブな発想から，ぼくはいつも新しい着想をいただいてきた．知識の双方向トランスレーターという言葉は，沖縄県海洋深層水研究所の鹿熊信一郎さんのためにあるといってもよい．トランスレーターの概念を，ぼくは鹿熊さんのおかげで整理することができた．恩納村漁協の比嘉義視さん，株式会社井ゲタ竹内の竹内周

さん，そして「チーム美らサンゴ」のみなさんは，漁業者が生産する知識技術が地域内外の人々をつないでいくことの意味を気づかせてくれた．日本MAB計画委員会のみなさんは，国際的な制度や仕組みを地域が使いこなす道筋を考えるきっかけを与えてくれた．マイケル・クロスビーさん，バーバラ・ラウシュさん，ジム・クルターさんをはじめとするモート海洋研究所のみなさんとサラソタ湾の環境再生を進める地域の方々は，レジデント型研究者の働きの国境を超えた意義を教えてくれた．これらすべてのみなさんに，この場を借りて深く感謝したい．

　本書のもとになった研究は，さまざまな研究費の補助を受けてきた．マラウィ湖の研究は国際協力機構の研究協力プロジェクト「マラウィ湖生態総合研究」（代表：遊磨正秀），コロンビア川流域の研究はJSPS科研費基盤C（22510048）「コロンビア川流域における環境アイコンを活用した地域環境の保全と活用プロセスの研究」（代表：佐藤哲），長野大学の里山再生の試みは，文部科学省質の高い大学教育推進プログラム「森の生態系サービスの活用を学ぶ環境教育」（長野大学）の支援を受けた．地域環境学を飛躍させる大きなきっかけとなった地域環境学ネットワークの構築は，科学技術振興機構・社会技術研究開発センター・「科学技術と社会の相互作用」研究開発プログラムによる「地域主導型科学者コミュニティの創生」プロジェクト（代表：佐藤哲）の成果である．2012年に始まった総合地球環境学研究所・未来設計プロジェクトE-05-Init「地域環境知形成による新たなコモンズの創生と持続可能な管理」（地域環境知プロジェクト，プロジェクトリーダー：佐藤哲）は，世界各地の事例研究を通じて地域環境学の体系を形成してきた．これらの研究への支援に心から感謝すると同時に，研究プロジェクトを共同で実施してきた多くの方々，とくに地域環境学ネットワークをともにつくりあげた家中茂さん，鎌田磨人さん，清水万由子さんとネットワーク会員のみなさん，松田裕之さん，湯本貴和さん，時田恵一郎さん，酒井暁子さん，宮内泰介さん，神崎宣次さんをはじめとする地域環境知プロジェクトの，国内外のたくさんのメンバーのみなさんに深い感謝の意を表したい．

　本書の中心となる論考は，総合地球環境学研究所（地域環境知プロジェクト）における菊地直樹さん，中川千草さん（現龍谷大学），竹村紫苑さん，大元鈴子さん，三木弘史さん，北村健二さん，ジョキム・キトレレイさんら

との議論と協働を通じてかたちづくられてきたものである．みなさんの友情と支援には，お礼の言葉もない．そして，なによりも，ぼくの研究の歴史の大半の期間にわたって，いつも研究を支えてくれた研究推進支援員の福嶋敦子さんに，心から感謝している．彼女の励ましと支援がなければ，クリエイティブな研究を長期にわたって展開することはできなかっただろう．

　それにしても，東京大学出版会編集部の光明義文さんは，ほんとうに辛抱強い．初めて出会ってから30年，本をつくろうという話をし始めてから20年以上はたつだろう．遅々として筆が進まないぼくを叱咤激励し，最後まであきらめずにおつきあいくださった光明さんに，あらためて感謝したい．脱稿直前に光明さんからいただいたメールには「哲さんのあのころを知っているぼくとしては，ヒトはこうして成長するものだということがよくわかりました．立派に育ったものだ」というような感想が書かれていた．ほめられたみたいで，とてもうれしい．

# 索　引

ASC　195
BPA　150, 152, 166, 167
CREP　159, 166
CRITFC　153, 166
CTUIR　141, 151, 165, 171
ESA　168
FLMMA Network　196
FSC　195
HIV　5
IK　183
ILEK　184
IPCC　41
IUCN　52
LEK　183
LMMA　196, 201
MAB 計画　194
MPA　186
MSC　195
NPO　41, 97, 186
SATOUMI 共同宣言　74
TA　20
TEK　183
UNDP　41, 196
USACE　149, 152, 165
WWCCD　159, 166
WWF ジャパン　47, 54, 55
WWF サンゴ礁保護研究センター　55, 64, 78

## ア　行

愛着　51, 54, 104, 152, 201
アイデンティティ　141, 152
アオサンゴ　47, 52, 191
赤瓦　48, 49
赤土　50, 76, 188
　──堆積量　60
　──流出　60, 81
秋邊上群　140
アクション　45, 55, 86, 111, 135, 161, 177, 199, 210
アクター　46, 83, 193, 199
アーサ　49
アプローチ　177
アマモ　71
網の没収　27, 29
アメリカ先住民　140, 141
　──居留地　152, 165
移行地域　194
石垣　48, 49
意思決定　35, 41, 45, 55, 111, 161, 177, 199
　──システム　32, 45, 47, 133, 177
石干見　72
一次産業　117, 184
　──生産者　186, 187
一夫多妻　2
遺伝的多様性　155
稲作　97
稲田養鯉　102
いのちつぎの海　52
イノベーション　200
違法操業　24, 28
因果関係　184, 198
インセンティブ　17, 60
インターン　205
海留（インドミ）　51
ウェスト・チュンビ島　25
ヴェーニタ・バー　148
ウォーターミル・ワイナリー　163

226　索　引

雨季　15
ウスニバヌア村　196
ウタカ　9
生まれも育ちも佐久の鯉　106
海垣（インカチ）　72,183
海が育ての親　69
海人（ウミンチュ）　64
営巣　92
栄養　159
　　──卵　13,15
エコツアー　130,141,205
エコツーリズム　79
エコラベル　195
エゾシカ　119,209
越冬池　102,107
エネルギー資源　123
沿岸環境管理　71
沿岸生態系　188
沿岸村落委員会　11
おかず採り　65
沖縄県海洋深層水研究所　185
沖縄県水産海洋研究センター石垣支所　75
沖縄県水産試験場　188
おすそわけ感覚　80
オーナーシップ　36,76
オニヒトデ　50,188
温暖化　190
恩納村　189
　　──漁協　188,189,202

**カ　行**

海藻　80
階層間トランスレーター　161,193,195
開拓者　140
開発途上国　5,195
開放系　133,191
海洋管理協議会（MSC）　196
海洋保護区（MPA）　186,197
科学技術振興機構・社会技術研究センター　179
科学コミュニケーター　199
科学者　177,178,186,193,198,199,203

科学知　29,35,83,119,183,186,194
科学哲学　167
科学と社会の境界　184
科学の役割　198
学際研究　175,177
学際性　176
学習　57
　　──機会　59,199,203
核心地域　194
学生　128
可視化　123,128,208
果樹園　101,165
過剰漁獲　10,143
過剰利用　5,50
河川環境　157
課題　177,208
　　──駆動型　34,50,59,175
カタリスト　83,85,204
価値　31,35,86,123,153,177,200,205
　　──観　134
渇水区間　147
褐虫藻　50
河畔林　112,114,159,166
株式会社井ゲタ竹内　189
株式会社四季工房　185
カユーセ　141
カワスズメ科魚類　1
灌漑　143,147
　　──用水　151
環境アイコン　86,87,100,121,132,138,171,188,200,206
環境意識　107
環境改変　168
環境教育　95,110,127
環境再生　149
環境省レッドリスト　112
環境ツーリズム学部　122
環境認証　162,166
環境配慮型農業　165
環境保全型孵化場　154,157
環境保全区　159
環境保全地域強化プログラム（CREP）

159, 166
換金魚種　12
換金資源　5, 10
観光資源　17, 43, 45
観光利用　75
緩衝地域　194
干ばつ　36, 40
カンパンゴ　2, 11, 14, 35, 187
管理を意図しない管理　33
記憶　100
基幹産業　80, 117, 187
危機　91
聞き取り調査　57, 64
気候変動　40, 113, 133, 188, 190
　　──に関する政府間パネル（IPCC）　41
技術　209
希少種　89
期待余命　5
規範　31, 45, 47, 133
基盤サービス　43
基本的人権　5
旧石垣空港　51
休耕田　108
供給サービス　42, 88, 124
強制移住　34
共存　150
協働　132, 200
　　──活動　201
　　──管理　41
　　──のガイドライン　203
郷土料理　80
　　──研究会　66
共役不可能性　167
漁獲圧　18, 140
漁協　97
漁業　117
　　──関連産業　9, 11
　　──規制　26
　　──資源　4
　　──者　9, 57, 118, 184, 207
魚道　97, 143, 171
キングサーモン　140, 148, 152

ギンザケ　140
空間的スケール　153
空港建設反対運動　52
クヌギ　123
クバ　80
工夫　183, 193
グリーンベルト　60, 81
クレ・エルム環境保全型孵化場　157
クレ・エルム湖　171
クレ・エルム増殖研究所　154, 165
グローバル　134, 190
　　──・ギャップ　165
燻製　11
景観　67
経験　183
　　──的な知識　183
経済価値創出　81
経済効果　196
経済的インセンティブ　37
経済的な圧力　37
経済のグローバル化　133, 191
欠如モデル　176
ゲットウ　60
研究者　97
　　──コミュニティ　71
　　──ネットワーク　59
兼業化　104
現状把握　184
原生自然　42
　　──保護　168
減反政策　108
減農薬　105
鯉養殖　102
鯉料理店　106
合意　70, 99, 134
広域的　111
好機　208
後継者　109
耕作放棄地　101
高度経済成長　51
コウノトリ　179
　　──の郷公園　185

――の野生復帰推進計画　97
――の野生復帰推進連絡協議会　97
――育むお米　97
――育む農法　97,184
後発開発途上国　4,22
高付加価値　107
公民館　67
広葉樹林　123
高齢化　128
高齢者　57,64,106
国際 NGO　41
国際資源管理認証　195,201,207
国際自然保護連合（IUCN）　52
国際組織　135
国際的な価値　53
国際的な制度　194
国産材　185
国立公園　17,190
――海中公園地区　47
――局　28
国連開発計画（UNDP）　5,41,195
個体群　93,141
固有種　9
コロンビア川　136,179
――部族間魚類コミッション（CRITFC）　153,166
――流域　146,167
昆虫採集　126
コンプライアンス　169
コンフリクト　17,27,28

## サ　行

差異化　106,194
再生　91,96,120
――活動　153
債務　17
在来種　160
在来知　45,47,49,51,54,62,176,183,186
在来の意思決定システム　67
在来の知識技術　64
在来の知識体系　31,83
差異を維持した協働　99,167,170

魚湧く海　52,69
佐久鯉　90,101,106,179
佐久市桜井地区　101
佐久商工会議所　106
佐久の鯉人倶楽部　106,204
サケ　113,114,142,152
――科魚類　138,169
――定置網　115,209
――保護団体　150
刺し網　9,18,20,22
里海　71,188
里山　101,122,207
――環境　71,97
――再生　90,101
――再生ツールキット　124,207
――生態系　123,139
砂漠化防止条約　41
サーモン・セーフ　162,166
サラソタ・ベイ・ウォッチ　206
サラソタ湾　205
参加型アプローチ　177
産業振興　110
サンゴ礁　47,49,50,60,186
――再生活動　189
――生態系　69,188
――文化　91
サンゴの幼生　61
産卵場所　140,147
手網（シーアン）　64
塩田平　101,121
シクリッド類　1,45
資源管理　14,152,196
資源状態　26,35
資源利用　49,62,86,100
自己組織化　135
自主的な禁漁区　76
自主ルール　69
市場メカニズム　195
自然エネルギー　195
自然再生　92
自然資源　4,22,43,142,168,187
自然選択　155

索引　229

自然保護　17
持続可能性　210
持続可能な開発　55,69,124,196
持続可能な開発目標　41
持続可能な管理　5,11
持続可能な漁業資源管理　38
持続可能な社会　135,179,188,192,198
持続可能な地域づくり　60,92,120,182
持続可能なライフスタイル　205
質の高い大学教育推進プログラム　125
信濃川　136
標茶町　116,118
　　──虹別地区　111
シマフクロウ　89,111,114,188
　　──の森づくり100年事業　116,209
市民　59,163
　　──団体　97
　　──調査　59
社会生態系システム　174,176,187,191,193,198,210
社会的アイコン　90,100,173
社会的学習　65,199
社会的記憶　173
社会的妥当性　178
社会的なインパクト　74
社会のための科学　7,36,58
シャコガイ　75
集合的アクション　208
集水域　112
州政府　138,152,166
重層性　166
重層的　125,161,165
　　──トランスレーション　195,197
私有地　160
12のレッスン　196,203
受益者　46
種子散布　125
取水量　147
樹洞　112
種苗　75
　　──生産　150,152,209
　　──放流　154

主役　58,177
シュワンベツ川　115
馴化　152,156
　　──施設　150
順応的　176,178,208
　　──ガバナンス　191,197
小規模加工業　188
礁原　47,49
礁池　47,48
消費　41
　　──行動　190
　　──者　41,163,195,202
商品価値　103
照葉樹林　201
将来予測　177
省力化　104
食害　209
食文化　152
食料資源　123,141
植林　185
除草剤　103
白保　47,183,191
　　──今昔展　64
　　──魚湧く海保全協議会　68
　　──サンゴ礁　179
　　──竿原（ソーバリ）の垣　73
　　──日曜市　80
　　──ハーリー組合（漁協）　68
　　──村づくり七箇条　67
　　──村ゆらてぃく憲章推進委員会　68
　　──ゆらてぃく憲章　66,78
事例研究　192
新石垣空港　51
進化　9
新空港建設　191
人工飼育　94
人口増加　10,18
人工林　101
人材育成　128
浸食　159
針葉樹林　123
信頼　63,170,199

森林　195
　　──環境　185
　　──管理協議会（FSC）　195
　　──資源　4
　　──伐採　114
水源　107
水産資源　74
　　──管理　185,195
水産政策　196
水産普及員　185
水産養殖管理協議会（ASC）　195
水族館　205
水中保護区　17,19,30,190
水田　94,101
　　──環境　97,106
水平方向トランスレーター　192
水路　104
スクリーン　145,148
スケール　136,191
スチールヘッド　140,152
ステークホルダー　14,46,53,58,59,62,64,
　97,110,128,132-134,139,177,178,181,
　193,200,203
巣塔　97
スネーク川　136
スノーケリング観光　51,57,62
巣箱　116
スポーツフィッシング　141
刷り込み　156
生活史　147
生活者　59
生活知　176
生活の質　150
生活文化　30,69
生業　183,187,209
　　──活動　183
政策　138,168
　　──形成　161
生産活動　204
生産者　184
成人識字率　5
生息環境　140,149

生息場所　147
生存率　151
生態学者　6
生態系アイコン　89
生態系管理　188
生態系機能　42,124,188
生態系再生　150
生態系サービス　42,71,88,122,128,142,
　187,192
生態系のモザイク　71,122
制度　168,191
生物学的な価値　200
生物圏保存地域　194
生物種アイコン　89
生物多様性　9,48,49,71,122
　　──条約　41,196
制約条件　177
世界遺産条約　41
世界一のサンゴ礁　67
世界海垣（インカチ）サミット　74
世界観　200
世界自然遺産　16,190,194
赤道イニシアティブ　195
赤道賞　195,201
世代交代　51
絶対的貧困層　5
説明責任　203
絶滅　93
　　──危急種　168
　　──危惧種　89,168,200
　　──危惧種IA類（CR）　112
　　──の危機に瀕する種の保存に関する法
　律（絶滅危惧種保存法）（ESA）　168
　　──リスク　141
セライロの滝　173
先住民コミュニティ　171,201
先住民文化　142
先進工業国　5
選択肢　94,160,204,207
センターピボット灌漑　158
専門家　177,178,186,193,198,199,203
総合地球環境学研究所　191

索　引　*231*

相互学習　203, 208
相互作用　134, 160, 165, 169, 198, 200, 208
造礁サンゴ類　47, 50, 188
相対化　198
草地　123, 160
創発プロセス　198
双方向トランスレーター　151, 153, 194
藻類　50
測線調査　60
訴訟　168
遡上　140, 147

## タ　行

大豆栽培　108
田結地区　98
堆肥　125
ダイビング業者　188
台風　50, 61
太平洋河川協議会　162
托卵　2
立場　134, 177, 200
ダム　136, 143, 171
ため池　101, 126
多様性　135, 166
ダレス・ダム　173
タンガニイカ湖　1, 8
淡水生物　105
丹右衛門　108
タンパク質源　5, 9, 10, 101
地域エゴ　52
地域環境学　14, 22, 34, 38, 59, 174, 177, 179, 184, 192, 198, 210
　　──ネットワーク　180, 203
地域環境知（ILEK）　184, 186, 192, 194, 198, 210
　　──プロジェクト　192, 207
地域企業　97, 185, 186
地域再生　92
地域産業　79, 106
地域資源　54, 121
地域社会　14, 36, 38, 47, 58, 85, 96, 133, 134, 157, 170, 178, 191, 195, 198

地域主導型科学者コミュニティの創生　179
地域主導型管理海域（LMMA）　197, 201
地域振興　106
地域性種苗　125
地域団体商標登録　108
地域的生態学的知識（LEK）　183
地域と科学者の協働のガイドライン　181
地域の知恵　183
地域ビジョン　66, 78
地域ブランド　109
チェンベ村　18, 22, 30
地球環境　198
　　──問題　5, 40, 190, 192
畜産業　48
畜産組合　68
稚サンゴ　61
知識基盤　60, 131, 134, 175, 178, 183
知識生産　55, 152, 175, 187, 198, 210
　　──者　85, 139, 149, 165, 166, 181, 184, 202
　　──プロセス　178
知識体系　198
知識の双方向トランスレーター　132, 160, 165, 179, 191-193, 195, 201
知識のトランスレーション　169
知識のトランスレーター　83, 119
知識ユーザー　58, 134, 184, 199
知的好奇心　7, 175, 178
チーフ・チェンベ　32, 37
地方行政機関　185
チーム美らサンゴ　189
チャンボ　10
中間なオプション　151, 157, 166, 167
中山間地域　101
超学際　177
長期的なビジョン　200
調整サービス　43, 88
調理技術　104
チリミラ　18
ツール　124
　　──ボックス　207

232　索　引

低湿地　123
弟子屈町　118
テリコダム事件　168
天気予報　183
電子タグ　146
伝統　45
　——知　176
　——的技術　209
　——的資源利用　64
　——的首長（TA）　20, 32
　——的生業　106
　——的生態学的知識（TEK）　183
　——的知識　152
　——的な技術　51
　——文化　62, 100, 152
天然記念物　112
天然産卵　157
　——個体　154
電力　143
冬季湛水　97
トゥキャノン川　160
頭首工　152
特産品　104
特別天然記念物　92, 200
年取り魚　102
土壌動物　126
土地所有者　159
土着的知識（IK）　183
トップダウン型　195
トランスディシプリナリー・アプローチ
　14, 58, 59, 96, 122, 177, 182, 184, 198
トレーサビリティ　202
トレードオフ　43, 143, 150

## ナ　行

内発的　166, 187
仲買人　32
長野県上田市　100, 121
長野大学　90, 100, 121
　——恵みの森　123
中干し　97
夏遡上群　140

ナラティブ　90
二項対立的　186
西別川　111, 113, 179, 188
　——下り汚染源調査　114
　——流域コンサート　118
虹別コロカムイの会　111, 117, 201, 209
虹別さけます事業所　113
ニジマス　115
二次林　101
日常生活　94, 200
担い手　101, 104
日本 MAB 計画委員会　194, 203
日本酒　105
日本ドナルドソン・トラウト研究所　115
人間開発指数　5
人間活動　133
人間関係　53
人間の福利　198, 209
認証　194
　——基準　195
ネイチャーゲーム　129
ネス・パース族　151
熱帯雨林　49
ネットワーク　170, 191, 203
根室湾　113
年間所得　5
農協　68, 97
農業　48
　——資源　123
　——者　151, 184
農地　60
農薬　92, 103

## ハ　行

バイカモ　119, 201
廃棄物　170
排水　170
延縄　9, 18
白化　50, 63
ハックルベリー　142
パッシブソーラー技術　185
バッファー　116, 159, 166

バードウォッチング 130
ハードサイダー 164
春遡上群 140
半乾燥地帯 147
繁殖期 15
繁殖巣 13
半農半漁 18
ハンマー 169
ビジネスモデル 108
ビジョン 151,153,157,208
ビスケットルート 142
被度 61
ひとり学際研究 22,59,88,175
ヒメジャコ 75
兵庫県豊岡市 92
兵庫県立コウノトリの郷公園 92
貧困 4,10,18,179
ファーストフード 142,171
ブイ 20,22,26
フィジー共和国 196
フィジー地域主導型管理海域ネットワーク（FLMMA Network) 196
フィールド 92,181,203,210
フィンクリップ 146,155
富栄養化 114
付加価値 207
不確実性 124
孵化放流事業 154
深水管理 97
フクギ 48,68
複雑系 135,139,174
　──科学 135
複雑性 135,136
福利 43
　──の向上 45,170
ブダペスト宣言 7
フナ 104
ブルー・マウンテン・サイダー・カンパニー 164
フレーミング 22,177
文化 45,49
　──的価値 141
　──的サービス 43,88,124
分析的 198
米国内務省開発局 149
米国陸軍工兵隊（USACE) 149,152,165
ベイ・スキャロップ 205
別海町 115,118
ベニザケ 140,171
ペーパーパーク 17,19,27
ホイットマン大学 139
放水量 147
法制度 138
訪問型研究 58
　──者 38,39,180,193
牧草地 114
保護区 17,22,27
　──管理 18
誇り 54,152,194,201
　──と愛着 35,86
圃場整備 97
北海道区水産研究所 113
北海道社会貢献賞 116
ボトムアップ 70,134,192,195
ボランティア 106,205
ボンネビル・ダム 136
ボンネビル電力局（BPA) 150,152,166,167

## マ　行

マウスブルーダー 2,13
薪ストーブ 185
マクレアー岬 16
マーケット 189
摩周湖 118
摩周水系西別川流域連絡協議会 119
摩周・水・環境フォーラム 118
マラウィ湖 1,8,179,187
　──国立公園 16,27,40,60
　──生態総合研究 38
マラウィ政府国立公園局 19
丸木舟 9
水資源管理 170,195
水辺 127

ミツバヤツメ　171
三菱 UFJ 環境財団　117
緑の回廊　116
南太平洋大学　196, 203
宮崎県綾町　201
ミレニアム開発目標　41
ミレニアム生態系評価　43
民具　80
民宿　69
無主物　20
無農薬　105
　──農法　94
ムブナ　16, 30
モズク　188, 189
　──養殖技術　188
モート海洋研究所　83, 205
モニタリング　57, 60, 61, 152, 157, 165, 188, 206
物語　36, 90, 91, 110, 121, 200
森の恵みクリエイター養成講座　125
問題解決指向　21, 22, 34, 50, 59, 175, 192
問題構造　50

### ヤ　行

ヤキマ川　154
ヤキマ国部族連合　151, 154, 171
野生果樹　125
野生動物　17
　──保護　195
野生復帰　92, 95, 97
山留（ヤマドミ）　51
ゆいまーる（結）　68
有機農法　201
遊漁船　69
ユーザーを意識した科学　14
ユネスコ　16
　──エコパーク　194, 201, 203
　──人間と生物圏計画（MAB 計画）194
ユマティラインディアン部族連合居留地（CTUIR）　141, 151, 165, 171
ゆらてぃく精神　66

養殖池　108
養殖技術　104, 188
用水路　148
横浜国立大学　194
予定調和的　134

### ラ　行

ライフスタイル　185, 207
酪農　117
　──汚水　114
　──家　118
落葉広葉樹　101
ラムサール条約　41
利害　53, 134
　──対立　43, 158
陸域保護区　17
リゾートホテル　188
リーダーシップ　34, 163
流域　112, 117, 118, 138, 150, 204
　──環境　120, 157
流下稚魚　145
流通業　188
流通経路　202
領域融合　14, 21, 59, 149, 177
　──的な研究　83, 96
林業　185, 207
リンゴ栽培　163
零細漁業者　9
レクリエーション　127
レジデント型研究　58
　──機関　58, 95, 100, 122, 196
　──者　58, 62, 70, 100, 132, 134, 153, 166, 179, 191, 193, 194
連邦機関　138, 150, 166
連邦政府　138
ローザ・ダム　156
論理的　198

### ワ　行

ワイナリー　162
ワイン産業　162
ワシントン州環境保全コミッション　160,

161,166
渡地（ワタンジ）　49
ワーム・スプリングス部族連合　151

ワラワラ　139,141,162
　——郡環境保全区（WWCCD）　159,166

## 著者略歴

佐藤　哲（さとう・てつ）
1955 年　北海道に生まれる．
1985 年　上智大学大学院理工学研究科博士課程修了，理学博士．
　　　　マラウィ大学助教授，WWF ジャパン自然保護室長，長野大学教授，総合地球環境学研究所教授などを経て，
現　在　大学共同利用機関法人人間文化研究機構総合地球環境学研究所・名誉教授，愛媛大学社会共創学部・教授．
専　門　地域環境学・生態学・持続可能性科学．

## 主要著書

『環境倫理学』（分担執筆，2009 年，東京大学出版会）
『日本のコモンズ思想』（分担執筆，2014 年，岩波書店）
『地域環境学——トランスディシプリナリー・サイエンスへの挑戦』（共編，2018 年，東京大学出版会）
『里海学のすすめ——人と海の新たなかかわり』（共編，2018 年，勉誠出版）ほか．

---

フィールドサイエンティスト
　　——地域環境学という発想

2016 年 1 月 25 日　初　版
2018 年 9 月 5 日　第 2 刷

［検印廃止］

著　者　佐藤　哲
　　　　　さとう　てつ

発行所　一般財団法人　東京大学出版会
代表者　吉見俊哉

153-0041　東京都目黒区駒場 4-5-29
電話 03-6407-1069・振替 00160-6-59964

印刷所　三美印刷株式会社
製本所　牧製本印刷株式会社

---

Ⓒ 2016 Tetsu Sato
ISBN 978-4-13-060142-9　Printed in Japan

JCOPY　〈㈳出版者著作権管理機構　委託出版物〉
本書の無断複写は著作権法上での例外を除き禁じられています．複写される場合は，そのつど事前に，㈳出版者著作権管理機構（電話 03-3513-6969，FAX 03-3513-6979，e-mail : info@jcopy.or.jp）の許諾を得てください．

**Natural History Series**（継続刊行中）

## 日本の自然史博物館　糸魚川淳二著　——A5判・240頁/4000円（品切）
●理論と実際とを対比させながら自然史博物館の将来像をさぐる．

## 恐竜学　小畠郁生編　——A5判・368頁/4500円（品切）
犬塚則久・山崎信寿・杉本剛・瀬戸口烈司・木村達明・平野弘道著
●7人の日本の研究者がそれぞれ独特の研究視点からダイナミックに恐竜像を描く．

## 樹木社会学　渡邊定元著　——A5判・464頁/5600円
●永年にわたり森林をみつめてきた著者が描き上げた森林と樹木の壮大な自然史．

## 動物分類学の論理　馬渡峻輔著　——A5判・248頁/3800円
多様性を認識する方法
●誰もが知りたがっていた「分類することの論理」について気鋭の分類学者が明快に語る．

## 花の性　その進化を探る　矢原徹一著　——A5判・328頁/4800円
●魅力あふれる野生植物の世界を鮮やかに読み解く．発見と興奮に満ちた科学の物語．

## 民族動物学　周達生著　——A5判・240頁/3600円
アジアのフィールドから
●ヒトと動物たちをめぐるナチュラルヒストリー．

## 海洋民族学　秋道智彌著　——A5判・272頁/3800円（品切）
海のナチュラリストたち
●太平洋の島じまに海人と生きものたちの織りなす世界をさぐる．

## 両生類の進化　松井正文著　——A5判・312頁/4800円
●はじめて陸に上がった動物たちの自然史をダイナミックに描く．

## シダ植物の自然史　岩槻邦男著　——A5判・272頁/3400円（品切）
●「生きているとはどういうことか」を解く鍵を求め続けてきたあるナチュラリストの軌跡．

## 太古の海の記憶　池谷仙之・阿部勝巳著　——A5判・248頁/3700円（品切）
オストラコーダの自然史
●新しい自然史科学へ向けて地球科学と生物科学の統合が始まる．

## 哺乳類の生態学　土肥昭夫・岩本俊孝・三浦慎悟・池田啓著　——A5判・272頁/3800円　[POD版]
●気鋭の生態学者たちが描く〈魅惑的〉な野生動物の世界．

## 高山植物の生態学　増沢武弘著 ── A5判・232頁/3800円（品切）
●極限に生きる植物たちのたくみな生きざまをみる．

## サメの自然史　谷内透著 ── A5判・280頁/4200円（品切）
●「海の狩人たち」を追い続けた海洋生物学者がとらえたかれらの多様な世界．

## 生物系統学　三中信宏著 ── A5判・480頁/5800円
●より精度の高い系統樹を求めて展開される現代の系統学．

## テントウムシの自然史　佐々治寛之著 ── A5判・264頁/4000円（品切）
●身近な生きものたちに自然史科学の広がりと深まりをみる．

## 鰭脚類[ききゃくるい]　和田一雄・伊藤徹魯著 ── A5判・296頁/4800円（品切）
アシカ・アザラシの自然史
●水生生活に適応した哺乳類の進化・生態・ヒトとのかかわりをみる．

## 植物の進化形態学　加藤雅啓著 ── A5判・256頁/4000円
●植物のかたちはどのように進化したのか．形態の多様性から種の多様性にせまる．

## 新しい自然史博物館　糸魚川淳二著 ── A5判・240頁/3800円
●これからの自然史博物館に求められる新しいパラダイムとはなにか．

## 地形植生誌　菊池多賀夫著 ── A5判・240頁/4400円
●精力的なフィールドワークと丹念な植生図の読解をもとに描く地形と植生の自然史．

## 日本コウモリ研究誌　前田喜四雄著 ── A5判・216頁/3700円（品切）
翼手類の自然史
●北海道から南西諸島まで，精力的にコウモリを訪ね歩いた研究者の記録．

## 爬虫類の進化　疋田努著 ── A5判・248頁/4400円
●トカゲ，ヘビ，カメ，ワニ……多様な爬虫類の自然史を気鋭のトカゲ学者が描写する．

## 生物体系学　直海俊一郎著 ── A5判・360頁/5200円（品切）
●生物体系学の構造・論理・歴史を分類学はじめ5つの視座から丹念に読み解く．

## 生物学名概論　平嶋義宏著 ── A5判・272頁/4600円
●身近な生物の学名をとおして基礎を学び，命名規約により理解を深める．

## 哺乳類の進化　遠藤秀紀著　A5判・400頁/5400円
●地球史を飾る動物たちの〈歴史性〉にナチュラルヒストリーが挑む．

## 動物進化形態学　倉谷滋著　A5判・632頁/7400円
●進化発生学の視点から脊椎動物のかたちの進化にせまる．

## 日本の植物園　岩槻邦男著　A5判・264頁/3800円
●植物園の歴史や現代的な意義を論じ，長期的な将来構想を提示する．

## 民族昆虫学　野中健一著　A5判・224頁/4200円
昆虫食の自然誌
●人間はなぜ昆虫を食べるのか——人類学や生物学などの枠組を越えた人間と自然の関係学．

## シカの生態誌　高槻成紀著　A5判・496頁/7800円
●動物生態学と植物生態学の2つの座標軸から，シカの生態を鮮やかに描く．

## ネズミの分類学　金子之史著　A5判・320頁/5000円
生物地理学の視点
●分類学的研究の集大成として，さらに自然史研究のモデルとして注目のモノグラフ．

## 化石の記憶　矢島道子著　A5判・240頁/3200円
古生物学の歴史をさかのぼる
●時代をさかのぼりながら，化石をめぐる物語を読み解こう．

## ニホンカワウソ　安藤元一著　A5判・248頁/4400円
絶滅に学ぶ保全生物学
●身近な水辺の動物であったニホンカワウソ——かれらはなぜ絶滅しなくてはならなかったのか．

## フィールド古生物学　大路樹生著　A5判・164頁/2800円
進化の足跡を化石から読み解く
●フィールドワークや研究史上のエピソードをまじえながら，古生物学の魅力を語る．

## 日本の動物園　石田戢著　A5判・272頁/3600円
●動物園学のすすめ——多様な視点からこれからの動物園を論じた決定版テキスト．

## 貝類学　佐々木猛智著　A5判・400頁/5400円
●化石種から現生種まで，軟体動物の多様な世界を体系化．著者撮影の精緻な写真を多数掲載．

## リスの生態学　田村典子著　　A5判・224頁／3800円
●行動生態，進化生態，保全生態など生態学の主要なテーマにリスからアプローチ．

## イルカの認知科学　村山司著　　A5判・224頁／3400円
異種間コミュニケーションへの挑戦
●イルカと話したい──「海の霊長類」の知能に認知科学の手法で迫る．

## 海の保全生態学　松田裕之著　　A5判・224頁／3600円
●マグロやクジラはどれだけ獲ってよいのか？　サンマやイワシはいつまで獲れるのか？

## 日本の水族館　内田詮三・荒井一利・西田清徳著　　A5判・240頁／3600円
●日本の水族館を牽引する名物館長たちが熱く語るユニークな水族館論．

## トンボの生態学　渡辺守著　　A5判・260頁／4200円
●身近な昆虫──トンボをとおして生態学の基礎から応用まで統合的に解説．

## フィールドサイエンティスト　佐藤哲著　　A5判・252頁／3600円
地域環境学という発想
●世界のフィールドを駆け巡り「ひとり学際研究」をつくりあげ，学問と社会の境界を乗り越える．

## ニホンカモシカ　落合啓二著　　A5判・290頁／5300円
行動と生態
●40年におよぶ野外研究の集大成．徹底的な行動観察と個体識別による野生動物研究の優れたモデル．

## 新版　動物進化形態学　倉谷滋著　　A5判・768頁／12000円
●ゲーテの形態学から最先端の進化発生学まで，時空を超えて壮大なスケールで展開される進化論．

## ウサギ学　山田文雄著　　A5判・296頁／4500円
隠れることと逃げることの生物学
●ようこそ，ウサギの世界へ！　40年にわたりウサギとつきあってきた研究者による集大成．

## 湿原の植物誌　冨士田裕子著　　A5判・256頁／4400円
北海道のフィールドから
●日本の湿原王国──北海道のさまざまな湿原に生きる植物たちの不思議で魅力的な世界を描く．

## 化石の植物学　西田治文著　　A5判・308頁／4800円
時空を旅する自然史
●博物学の時代から遺伝子の時代まで──古植物学の歴史をたどりながら植物の進化と多様性にせまる．

## 哺乳類の生物地理学　増田隆一著　——— A5判・200頁/3800円
●遺伝子やDNAの解析からヒグマやハクビシンなど哺乳類の生態や進化にせまる．

## 水辺の樹木誌　崎尾均著　——— A5判・284頁/4400円
●失われゆく豊かな生態系――水辺林．そこに生きる樹木の生態学的な特徴から保全を考える．

## 有袋類学　遠藤秀紀著　——— A5判・288頁/4200円
●〈ちょっと奇妙な獣たち〉の世界へ――日本初の有袋類の専門書．

## ニホンヤマネ　湊秋作著　——— A5判・272頁/4600円
**野生動物の保全と環境教育**
●永年にわたりヤマネたちと真摯に向き合ってきた「ヤマネ博士」の集大成！

ここに表記された価格は**本体価格**です．ご購入の際には消費税が加算されますのでご了承下さい．